JN233651

基礎物理学シリーズ──3

清水忠雄・矢崎紘一・塚田　捷

監修

物理数学 I

福山秀敏・小形正男

著

朝倉書店

まえがき

　物理学の発展は数学的な記述に支えられている．その中で特に「複素関数」は物理学と美しい対応を持っている．「複素関数」が持つ内在的な性質の見事な系統性のみならず，物理学上の問題を解く必要からそれぞれの状況において詳しく研究された特殊関数を「複素関数」として統一的に理解できるということはおどろきである．本書ではこのような「複素関数」に関する系統的な説明を試みた．同種の教科書，特に名著と呼ばれる著作は Whittaker-Watson による "*A Course of Modern Analysis*" を始め古くから枚挙にいとまがないが，本書では特に量子力学のシュレーディンガー方程式のさまざまな固有値問題との関連をできるだけ明確に関係付けるように心がけた．また数学的な証明はできるだけ避け，物理学において有用になることがらについて重点的に説明するようにした．

　第 1 章では，物理学における複素関数の重要性から始まり，典型的な複素関数をリーマン面という概念とともに説明する．複素関数の微分は一般の関数と同様に定義されるが，複素平面上の微分という性質から，微分可能性は関数の形に強い制約を与える．このことについては第 2 章で具体例と共に説明する．次の第 3 章では複素積分を定義し，その特徴を解説する．特に複素関数論の白眉であるコーシーの積分定理を示す．さらにこの定理の実用的な応用例として，初等的な方法では困難な定積分を求める．第 4 章ではコーシーの積分定理を用いて，複素関数論の数学的枠組を説明する．ここで現れる特異点，ローラン展開，解析接続の原理，δ 関数と積分の主値などは，物理学においてもしばしば重要な手法として用いられるものである．

　複素平面は 2 次元平面であるが，この特徴を最大限に活かすと，2 次元空間での電磁気学や流体力学でのポテンシャル問題をうまく解くことができる．第 5 章で述べる等角写像の方法は物理数学の典型的な問題であるといえる．

第6章以降は，各種の新たな関数が続々と登場する．これらの関数はまとめて特殊関数と呼ばれている．まず第6章では，自然数の階乗を複素数に拡張したガンマ関数，それに関連したベータ関数，ディガンマ関数を説明する．さらに実用上も重要な鞍点法についても解説する．引き続いて第7章以降において，量子力学で現れる各種の関数について述べる．

　まず第7章では，シュレーディンガー方程式が，いろいろな対称性を持つ場合にどのような微分方程式となるかを示し，その一般解を求める方法を示す．この章は以後の各章の基本となっている．

　シュレーディンガー方程式が円柱対称をもつ場合は，ベッセルの微分方程式に帰着されるが，この方程式の解であるベッセル関数を第8章で説明する．一方シュレーディンガー方程式が球対称の場合，角度方向の方程式はルジャンドルの微分方程式となる．これについて第9章で説明する．さらに一般化した場合の微分方程式は，ガウスによって考察された超幾何微分方程式であり，3つの特異点(確定特異点)をもつ．この一般解(超幾何級数)を第10章で述べる．超幾何級数は，特殊な場合としてルジャンドル関数を含んでいる．

　水素原子の波動関数は量子力学において最も美しい解の1つであるが，動径方向の方程式は第11章のラゲール微分方程式で表される．これは超幾何微分方程式における特異点のうちの2つが $z=\infty$ で合流した「合流型超幾何微分方程式」の1つである．第12章で述べるように，調和振動子および磁場中の電子のシュレディンガー方程式は，エルミートの微分方程式となる．これも合流型超幾何微分方程式の1種である．

　1次元周期的ポテンシャル中の電子の運動は，マシュー微分方程式に帰着される．これは4つの特異点を持つ微分方程式の1つである．第13章では，このマシュー方程式と，固体電子論におけるエネルギーバンド(エネルギー帯)について解説する．

　以上の第13章までは，さまざまな特殊関数をべき級数展開という観点から述べてきたが，第14，15章では特殊関数(それぞれ超幾何関数，合流型超幾何関数)の積分表示について系統的に述べる．さらに最後の第16章では，変数の値が大きい場合に，関数がどのような値に近づくかという漸近展開について説明する．これらの結果は物理学においてしばしば用いられている．

　本書は著者が東京大学教養学部において担当した物理学専攻の授業「物理数

学」の講義録に手を入れたものである．冬学期の午前中3時間の授業に出席し，さまざまな質問・議論を提起してくださった多くの学生の方々に感謝します．

参考にした教科書は"*A Course of Modern Analysis*"をはじめ多いが，第4章までの複素関数の一般論についての数学的基礎付けについては，高木貞治著『解析概論』，寺沢寛一著『自然科学者のための数学概論』(いずれも岩波書店) を参考にしていただきたい．第7章以降については，著者の一人が学部学生の際に受講した福原満洲雄教授による「物理数学」，および1970年代前半に東北大学での授業の際に故平原栄治教授の紹介で出会った永宮健夫著『応用微分方程式論』(共立出版，1967) に負うところが多い．明記して感謝の意を表する．本書にもさらに工夫の余地が残されているかもしれない．読者諸兄のご指摘，ご提案などを期待する．

2003年1月

福 山 秀 敏
小 形 正 男

目　　次

1. **複素関数の性質**
    1.1　複素数の物理学における意義 ……………………………………………… 1
    1.2　複　素　平　面 ………………………………………………………………… 2
    1.3　複　素　関　数 ………………………………………………………………… 4
    1.4　リーマン面 …………………………………………………………………… 6
    1.5　初等関数と収束半径 …………………………………………………………… 11
    1.6　対数関数と一般のべき乗関数 Z^a ………………………………………… 14

2. **複素関数の微分と正則性** ……………………………………………………… 18
    2.1　微分可能性 …………………………………………………………………… 18
    2.2　コーシー–リーマンの関係式 ………………………………………………… 22
    2.3　調　和　関　数 ………………………………………………………………… 23
    2.4　解析関数 $f(z)$ は $\bar{z}$ を含まない ……………………………………… 25

3. **複　素　積　分** …………………………………………………………………… 29
    3.1　定義といくつかの性質 ………………………………………………………… 29
    3.2　コーシーの積分定理 …………………………………………………………… 34
    3.3　留　　　数 ……………………………………………………………………… 39
    3.4　定積分への応用 ………………………………………………………………… 41

4. **コーシーの積分定理の応用** …………………………………………………… 49
    4.1　コーシーの積分公式とテイラー展開 ………………………………………… 49
    4.2　ローラン展開 …………………………………………………………………… 52
    4.3　孤立特異点と留数 ……………………………………………………………… 54
    4.4　解　析　接　続 ………………………………………………………………… 58

- 4.5 部分分数展開と無限乗積 ·· 61
- 4.6 δ 関数と積分の主値 ·· 66

5. 等角写像とその応用 ·· 72
- 5.1 写像としての正則関数 ·· 72
- 5.2 等角写像の例 ·· 74
- 5.3 ポテンシャル問題への応用 ·· 76
- 5.4 1次変換とシュバルツ-クリストッフェル変換 ········ 81

6. ガンマ関数とベータ関数 ·· 89
- 6.1 ガンマ関数の解析的性質 ·· 89
- 6.2 無限乗積表示 ·· 91
- 6.3 ハンケル表示 ·· 94
- 6.4 漸近展開と鞍点法 ·· 95
- 6.5 ベータ関数 ·· 101
- 6.6 ディガンマ関数 ·· 102

7. 量子力学と微分方程式 ·· 107
- 7.1 さまざまな固有値問題 ·· 107
- 7.2 確定特異点を持つ微分方程式 ·································· 111

8. ベッセルの微分方程式 ·· 115
- 8.1 ベッセル関数の級数解 ·· 115
- 8.2 半整数のベッセル関数 ·· 117
- 8.3 ベッセル関数の積分表示 ·· 119

9. ルジャンドルの微分方程式 ·· 121
- 9.1 ルジャンドルの微分方程式と陪微分方程式 ·········· 121
- 9.2 ルジャンドルの多項式 ·· 122
- 9.3 ルジャンドル関数の母関数表示 ······························ 124
- 9.4 第2種ルジャンドル関数 ·· 126
- 9.5 ルジャンドルの陪微分方程式 ·································· 127

10. 超幾何微分方程式 ……………………………………… 130
10.1 超幾何級数 ……………………………………………… 130
10.2 ヤコビの多項式 ………………………………………… 132

11. 合流型超幾何微分方程式とラゲールの微分方程式 …… 135
11.1 合流型超幾何微分方程式 ……………………………… 135
11.2 ラゲールの多項式 ……………………………………… 135
11.3 ラゲールの陪微分方程式 ……………………………… 137
11.4 水素原子の波動関数 …………………………………… 138

12. エルミートの微分方程式 ………………………………… 141
12.1 エルミートの多項式 …………………………………… 141
12.2 調和振動子と磁場下の2次元電子 …………………… 143

13. 4つの確定特異点を持つ微分方程式とマシュー微分方程式 …… 146

14. 超幾何関数の積分表示 …………………………………… 150
14.1 積分表示の一般論 ……………………………………… 150
14.2 超幾何関数の積分表示 ………………………………… 151
14.3 ルジャンドル関数の積分表示 ………………………… 154

15. 合流型超幾何関数の積分表示 …………………………… 156
15.1 一般論 …………………………………………………… 156
15.2 ベッセル関数の積分表示 ……………………………… 156

16. 特殊関数の漸近展開 ……………………………………… 159

演習問題の略解 ………………………………………………… 161

索 引 ……………………………………………………………… 176

1

複素関数の性質

1.1 複素数の物理学における意義

複素数 (complex number) とは，x, y を実数として
$$z = x + iy \tag{1.1}$$
で表される数である．ここで i は虚数単位であり
$$i^2 = -1 \tag{1.2}$$
を満たす．x は複素数 z の実部 (real part)，y は虚部 (imaginary part) と呼ばれ，
$$x = \mathrm{Re}\, z, \qquad y = \mathrm{Im}\, z \tag{1.3}$$
と書かれる．

物理量は測定される量であるから当然実数であるが，しばしば複素数を用いると便利なことがある．たとえば振動現象は $\cos \omega t$ や $\sin \omega t$ で表すことができるが，この代わりに $e^{i(\omega t + \phi)}$ という形で表した方が見通しがよくなることがある．ここで ω は振動数であり，ϕ は初期位相や，系の応答における位相の遅れを表す．

振動数 ω は，量子力学ではエネルギーに対応することになる．この ω を複素数に拡張すると粒子の寿命を表すこともできる．たとえば ω のところに $\omega + i/\tau$ という複素数を代入すれば $e^{i(\omega t + \phi)}$ は
$$e^{i(\omega t + \phi) - t/\tau} \tag{1.4}$$
となり，寿命 τ で減衰する様子を表すと解釈することができる．

また量子力学では，粒子の状態を波動関数によって記述するが，この波動関数は複素数であることが本質的に重要な意味を持っている．たとえば粒子が波として振舞う結果としての干渉効果は，複素数を用いることによって明確にわかる．

また，2次元空間の座標を表現するために，通常は (x, y) という座標を用い

ればよいが，量子ホール効果のように磁場下の粒子の運動を扱うときには (x, y) の代わりに $z = x + iy$ という「座標」の関数として波動関数を表現することがきわめて重要になる場合もある．また1次元空間中の粒子の運動を記述するのに，座標 x と時間 t を組み合わせた $x + it$ という変数を用いると運動の対称性が明確になるという場合もある．

このように物理現象の記述のために複素数は不可欠のものであるが，数学としても複素数の関数は非常に美しい性質を持っている．これについては以下の各章で順次明らかになる．さらに複素数の積分の性質を応用することによって，各種の定積分を求めることができるという実用上の必要性もある．また本書の後半では，いろいろな特殊関数を扱うが，これら一連の関数の特徴を調べるためにも，複素関数の数学的知識が重要な役割りを果たす．特殊関数は量子力学に限らず物理学のさまざまな分野で用いられる．

1.2　複 素 平 面

複素数 $z = x + iy$ を表すのに，図1.1のような複素平面 (complex plane) (z 平面またはガウス平面と呼ばれる) を用いると便利である．つまり複素数 z を平面上の点 (x, y) で表す．x 軸を実軸，y 軸を虚軸と呼ぶ．z が x 軸上にあるとき z は実数であり，z が y 軸上にあるとき z は純虚数である．また z の複素共役 (complex conjugation) は

$$\bar{z} = x - iy \tag{1.5}$$

で定義されるが，これは実軸に対して z と鏡像の位置となる (図1.1)．

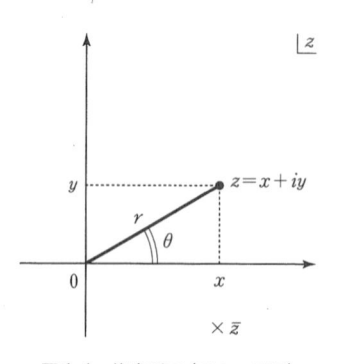

図1.1　複素平面 (ガウス平面)

直交座標 (x, y) の代わりに極座標 (r, θ) を用いることもできる．ここで r は原点から点 (x, y) までの距離，θ は x 軸の正の向きから反時計回りに測った角度である．図 1.1 から明らかなように

$$x = r\cos\theta, \quad y = r\sin\theta \tag{1.6}$$

という関係になる．ここで θ の値は 2π の整数倍の不定性があるから，どこを基準にとって θ を決めているか常に注意しなければならない．r を複素数 z の絶対値 (absolute value) と呼び，$|z|$ と書く．すなわち

$$r = |z| = \sqrt{x^2 + y^2} \tag{1.7}$$

である．また θ は z の偏角 (argument) と呼び，$\arg z$ と書く．すなわち

$$\theta = \arg z = \tan^{-1}\frac{y}{x} \tag{1.8}$$

である．ここでも θ の不定性には注意を要する．

複素数には，大変重要なオイラー (Euler) の関係式

$$e^{i\theta} = \cos\theta + i\sin\theta \tag{1.9}$$

が成立する (e^z という複素数の指数関数については，あとで詳しく定義する)．このオイラーの関係式は今後しばしば用いられる重要な式である．(1.9) 式と (1.6) 式の関係を用いると，複素数 z は

$$z = x + iy = r\cos\theta + ir\sin\theta = re^{i\theta} \tag{1.10}$$

と簡潔に表される．また図 1.1 からも明らかなように，z の複素共役は

$$\bar{z} = re^{-i\theta} \tag{1.11}$$

である．上で述べた θ の不定性は $e^{2\pi i} = 1$ のためである．

複素数 z は実数と同様に四則演算が成り立つ．たとえば z の逆数は

$$z^{-1} = \frac{1}{z} = \frac{1}{x + iy} \tag{1.12}$$

であるが，有理化すると

$$z^{-1} = \frac{x - iy}{x^2 + y^2} = \frac{\bar{z}}{|z|^2} = \frac{1}{r}e^{-i\theta} \tag{1.13}$$

となる．つまり z^{-1} は絶対値が $1/r$，偏角が $-\theta$ の複素数である．また 2 つの複素数 $z_1 = r_1 e^{i\theta_1}$ と $z_2 = r_2 e^{i\theta_2}$ の積は

$$z_1 z_2 = r_1 r_2 e^{i(\theta_1 + \theta_2)} \tag{1.14}$$

である．すなわち積の絶対値は z_1, z_2 それぞれの絶対値の積となり，偏角は z_1 と z_2 の偏角の和 $\theta_1 + \theta_2$ となる．2 つの複素数の掛け算を行うと，複素平面上では図 1.2 のように回転して絶対値が変わることになる．逆に割り算は

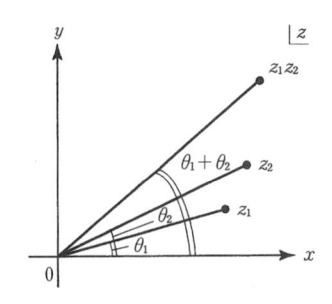

図1.2 z_1 と z_2 の積

$$\frac{z_1}{z_2} = \frac{r_1}{r_2} e^{i(\theta_1-\theta_2)} \tag{1.15}$$

となる.

1.3 複 素 関 数

次に複素関数を導入しよう.複素数 z が与えられたとき,それに対応した複素数 ω が決まる場合,ω は z の関数であるといい,$\omega=f(z)$ と表す.これを複素関数と呼ぶ.たとえば

$$z^2, \quad (z+a)^3, \quad \frac{1}{z+a}, \quad \log z, \quad \sin z, \quad e^z$$

などである.これらの例で示した関数は通常の実数関数 $f(x)$ の x のところに複素数 z を代入したものであるが,複素数であるがための種々の面白い性質を持っていることがあとで明らかになる.

$\omega=z^2$ などの単純な関数は,1.2 節で調べたように簡単に理解できるので,ここではもう少し複雑な関数の例を調べよう.まず

$$\omega = z^{1/2} \tag{1.16}$$

の場合を考えよう.複素数 ω は

$$z = \omega^2 \tag{1.17}$$

を満たすものとして定義する.$z=re^{i\theta}$ とおいて,求めたい複素数 ω を $\omega=se^{i\phi}$ とおけば,$\omega^2=s^2e^{2i\phi}$ であるから

$$s=\sqrt{r}, \qquad e^{2i\phi}=e^{i\theta} \tag{1.18}$$

という関係が成り立つ.1番目の式は明らかであるが,2番目の式を満たすには,

$$2\phi = \theta + 2\pi n \quad (n \text{ は整数})$$

つまり

$$\phi = \frac{\theta}{2} + \pi n \quad (n \text{ は整数}) \tag{1.19}$$

が成り立てばよいので，ϕ の解は無数に存在する．ただし ϕ が 2π の整数倍だけ異なる場合は同じ ω を与えるので，結局 (1.17) 式を満たす ω は2つあって，

$$\omega_1 = \sqrt{r} e^{i(\theta/2)}, \quad \omega_2 = \sqrt{r} e^{i(\theta/2) + i\pi} \tag{1.20}$$

である．この2つを複素平面上で表すと，図1.3のようになる．

このように1つの z に対し，2つの ω が与えられるので，$\omega = z^{1/2}$ という関数は2価関数と呼ばれる．2つの値を持つということは z が実数 x である場合を考えれば理解できる．この場合，$\omega^2 = x$ を解けば $\omega = \pm\sqrt{x}$ の2解が得られるわけである．実数のときは $\omega = x^{1/2}$ と書くと $\omega = \sqrt{x}$ を意味し，$\omega = -\sqrt{x}$ の方は $\omega = -x^{1/2}$ と書く約束にしていた．しかし複素数の場合は $\omega = z^{1/2}$ という表式によって，(1.20) 式の2つの値を意味する約束にしておく．

次に

$$\omega = z^{1/3} \tag{1.21}$$

という複素関数を考えてみよう．ω は $\omega^3 = z$ を満たす複素数として定義されるが，この式は3つの解を持つので，$\omega = z^{1/3}$ は3価関数である．$z = re^{i\theta}$，$\omega = se^{i\phi}$ とおいて代入すれば

$$s = \sqrt[3]{r}, \quad 3\phi = \theta + 2\pi n \quad (n \text{ は整数}) \tag{1.22}$$

が得られるから，異なる3つの解は

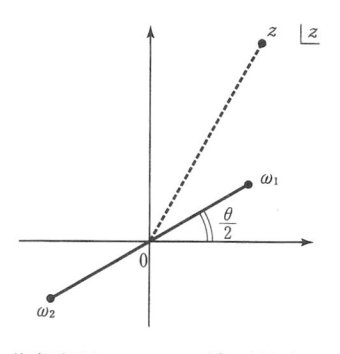

図 1.3 複素平面上の z と $\omega = z^{1/2}$ に対応する2つの解

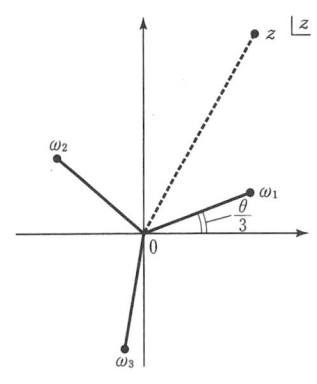

図 1.4 複素平面上の z と $\omega=z^{1/3}$ 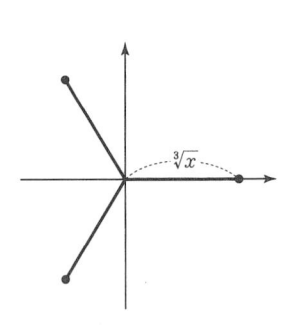　　　図 1.5 $\omega^3=x$ の 3 つの解

$$\omega_1=\sqrt[3]{r}e^{(i/3)\theta}, \quad \omega_2=\sqrt[3]{r}e^{(i/3)\theta+(2/3)\pi i}, \quad \omega_3=\sqrt[3]{r}e^{(i/3)\theta+(4/3)\pi i} \quad (1.23)$$

である (図 1.4).

ここで再び $z=x$ (実数) の場合と比較してみよう. 3 乗根 $\sqrt[3]{x}$ を a と書くことにすると, ω は

$$\omega^3=x=a^3$$

を満たすものである. 移項して因数分解すれば

$$\omega^3-a^3=(\omega-a)(\omega^2+\omega a+a^2)=0$$

となるから

$$\omega=a, \quad -\frac{a}{2}(1-\sqrt{3}i), \quad -\frac{a}{2}(1+\sqrt{3}i) \quad (1.24)$$

の 3 つの解がある. 後ろの 2 つはオイラーの関係式を用いると

$$ae^{(2/3)\pi i}, \quad ae^{(4/3)\pi i} \quad (1.25)$$

と書ける (図 1.5). この場合は図 1.4 の特殊な場合であることがわかる.

1.4　リーマン面

1.3 節で見たように, $\omega=z^{1/2}$ や $\omega=z^{1/3}$ という関数は 2 価関数, 3 価関数となってしまうが, 1 つの z に対して複数の ω を考えなければならないということは不便なこともある. そこで考案されたのがリーマン (Riemann) 面という概念である (4.4 節で再びふれる). 次にこれを説明しよう.

まず z を図 1.6 (a) の複素平面上の A 点で表し, それに対応する $\omega=z^{1/2}$ の

うち単純な方の $\omega_1 = \sqrt{r}\, e^{(i/2)\theta}$ を図 1.6 (b) の A′ 点で表しておく．z を複素平面上で A 点から B 点まで連続的に移動させると，対応する ω_1 も図 1.6 (b) で A′ 点から B′ 点まで連続的に移動することがわかる．

次に z の位置を図 1.6 (c) のように B 点から C 点へ移動させる．このときに C 点での偏角を

$$\theta_C = \theta_A + 2\pi \tag{1.26}$$

と定義しておけば，偏角は B 点から連続的に増加したことになる．原点を 1 周した C 点は，A 点と同じ z を表しているのであるが，偏角が 2π 増えているとみなしている．C 点の z に対する ω を，θ_C を用いて

$$\omega_C = \sqrt{r}\, e^{(i/2)\theta_C}$$

と定義することにすれば，

$$\omega_C = \sqrt{r}\, e^{(i/2)\theta_A + i\pi} \tag{1.27}$$

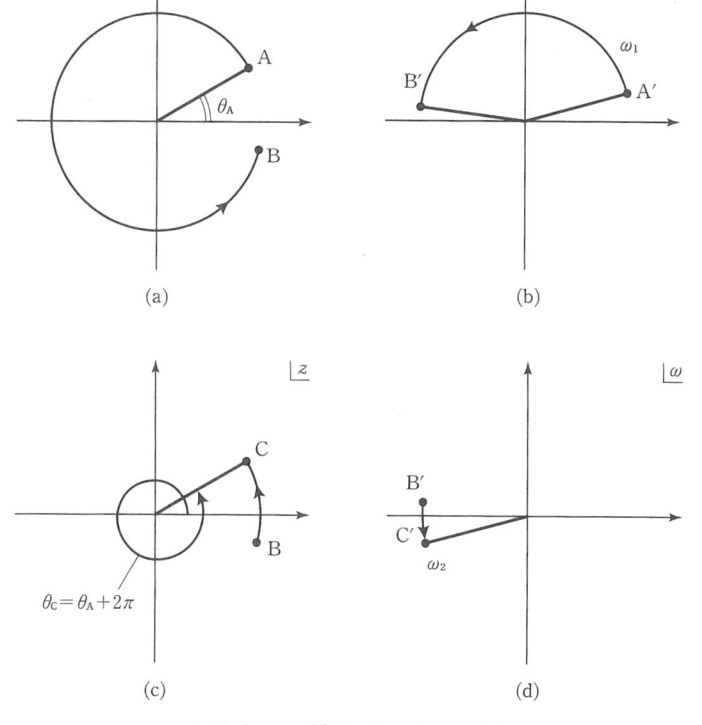

図 1.6　$\omega = z^{1/2}$ の場合のリーマン面

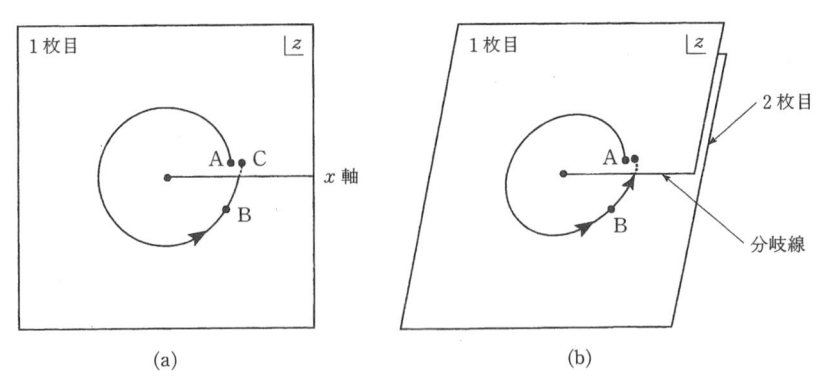

図1.7 1枚目と2枚目のリーマン面

であり，これはまさに(1.20)式の ω_2 と同じものになる(図1.6(d))．つまりC点とA点は z の値としては同じものを与えるのであるが，偏角を(1.26)式のように 2π ずらして定義しているために， ω の値としては異なった値が得られるのである．

A点とC点で偏角が異なっているのだということを明瞭にするために図1.7(a)のように考えることにする．つまり z がB点からC点へ移動したときに，A点のある複素平面とは別の平面に行ってしまうと考えるのである．立体的に書くと図1.7(b)のようになり， x 軸の正の部分を境に2枚目の複素平面に入ってしまうと考えればよい．このような拡張された複素平面をリーマン面と呼ぶ．C点はA点の真下であるが，2枚目のリーマン面上の点である．C点の偏角は，A点付近の x 軸から測ってあり，(1.26)式のように $\theta_C = \theta_A + 2\pi$ となっていると考える．

このようにして作ったリーマン面上では，関数 $\omega = z^{1/2}$ は

$$\omega = \sqrt{r}\, e^{(1/2)\theta} \tag{1.28}$$

で定義される1価関数と考えてよい．つまり(1.20)式のように ω_1 と ω_2 の2つの値を考える代わりに， z の値の方を2枚の平面上で2通り考えることにしたわけである．

次に z がA→B→Cと移動したのと同じコースを，C点から出発して2枚目のリーマン面上で移動することを考えてみよう．このように移動してB点の真下に移動したものをD点，C点の真下をE点とする(図1.8)．E点での偏角はC点よりもさらに 2π 多く，もとのA点からは 4π 増えているから，

1.4 リーマン面

$$\theta_E = \theta_C + 2\pi = \theta_A + 4\pi \tag{1.29}$$

と書ける．このとき，(1.28)式の ω は

$$\omega = \sqrt{r}\,e^{(i/2)\theta_E} = \sqrt{r}\,e^{(i/2)\theta_A + 2\pi i} = \sqrt{r}\,e^{(i/2)\theta_A} \tag{1.30}$$

となるから，A点での ω の値と同じになる．したがってE点はA点と区別する必要はないので，A点と同一視する．このように，C点に代表される2枚目のリーマン面上を z が移動して原点のまわりを1周すると，こんどは1枚目のリーマン面に戻ると考えればよい．この様子を図1.8に示した．

以上の例では，A点付近の x 軸を偏角を決める原点とし，x 軸の正の部分を横切るごとに1枚目のリーマン面上と2枚目のリーマン面上を行き来した．このような役割りを果たす半直線を分岐線 (branch cut) という．

実はよく考えると，x 軸の正の部分を分岐線にとる必然性はないということがわかる．$\omega = z^{1/2}$ の場合には，原点と無限遠点とを結ぶ任意の半直線を分岐

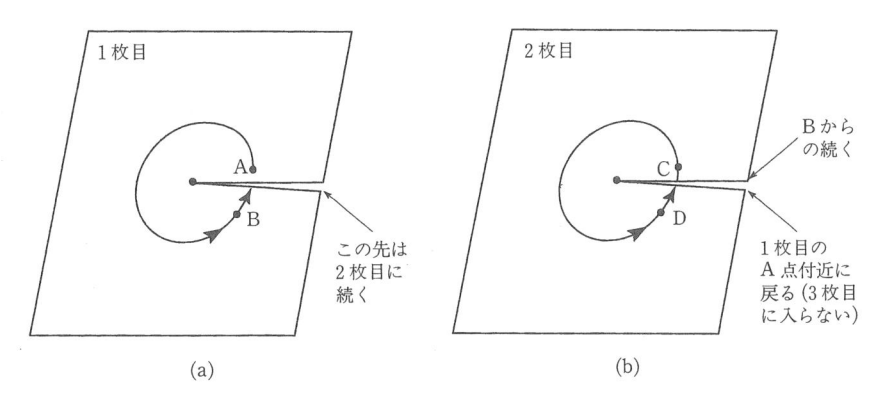

図 1.8　$\omega = z^{1/2}$ のリーマン面原点を2周するともとに戻る．

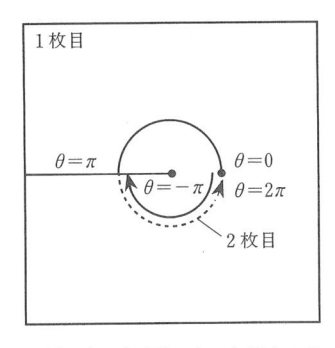

図 1.9　分岐線を x 軸の負の半直線にとった場合のリーマン面上の偏角

線として採用してもかまわない．たとえば x 軸の負の部分を分岐線としたときの偏角のとり方を図 1.9 に示した．

同様に考えると，$\omega=z^{1/3}$ の場合には3枚のリーマン面を分岐線のところでつなげておけばよいことがわかる（図 1.10）．

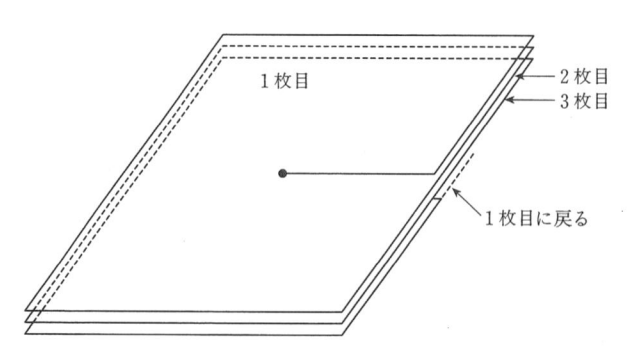

図 1.10 $\omega=z^{1/3}$ の場合の3枚のリーマン面

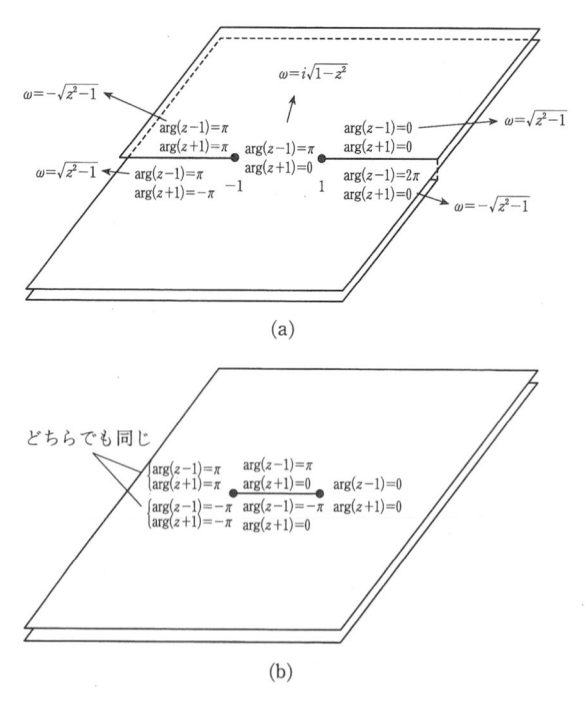

図 1.11 $\omega=(z-1)^{1/2}(z+1)^{1/2}$ のリーマン面と分岐線と偏角
(a)(b) どちらを考えてもよい．

また，2つの分岐線を持つ場合もある．たとえば
$$\omega=(z-1)^{1/2}(z+1)^{1/2} \tag{1.31}$$
のような場合である．このとき分岐線は $z=1$ から無限遠点に延びているものと，$z=-1$ から無限遠点に延びているものの2本となる．このときのリーマン面と，各位置での $(z-1)^{1/2}$ の偏角と $(z+1)^{1/2}$ の偏角を図 1.11 (a) に示した．さらに工夫すると，図 1.11 (b) のように $z=1$ から $z=-1$ までの間に2枚目のリーマン面に入りこむ分岐線が開いているようなとり方も可能である（演習問題 1.8）．この場合は，図 1.11 (a) の $z=1$ から $+\infty$ へ延びていた分岐線を $180°$ 回転したものと考えればよい．そうすると $z=-1$ から $-\infty$ の間に2本の分岐線が重なることになるが，具体的な ω の値を調べるとわかるように，この部分には分岐線がないことと同じになる．

1.5 初等関数と収束半径

複素関数の例として，指数関数と三角関数を複素数に拡張したものもしばしば使われる．これらの関数は z のべき乗の無限級数を用いて

$$e^z = \exp z = \sum_{n=0}^{\infty} \frac{1}{n!} z^n \tag{1.32}$$

$$\cos z = \sum_{n=0}^{\infty} \frac{(-1)^n}{(2n)!} z^{2n} = 1 - \frac{1}{2} z^2 + \frac{1}{4!} z^4 - \frac{1}{6!} z^6 + \cdots \tag{1.33}$$

$$\sin z = \sum_{n=0}^{\infty} \frac{(-1)^n}{(2n+1)!} z^{2n+1} = z - \frac{1}{3!} z^3 + \frac{1}{5!} z^5 - \frac{1}{7!} z^7 + \cdots \tag{1.34}$$

と定義される．

さて，ここで簡単に「無限級数」と書いてしまったが，級数が収束しているかどうか確認しなければならない．複素数の級数の収束に関しては，収束半径という面白い概念がある．

まず，z_0 において無限級数 $\sum_{n=0}^{\infty} c_n z_0^n$ が収束するならば，$|z|<|z_0|$ を満たすすべての z に対して $\sum_{n=0}^{\infty} c_n z^n$ は収束するということが証明できる．つまり図 1.12 のように原点を中心とした半径 $|z_0|$ の円の内部では無限級数は必ず収束する．さらに，円の外側の点 z_0' でも級数が収束したとすると，新たに $|z_0'|$ を半径とする円を考えれば，その円内でも収束する．こうしてなるべく大きな円を考えたときの半径 R を級数の収束半径と呼ぶ．以上の操作からわかるように収束円の外側では級数は収束しない．

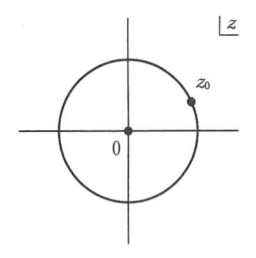

図 1.12 無限級数の収束円

次に問題となるのは，収束半径を具体的に求める方法である．これにはいくつか方法が知られていて，

$$R = \frac{1}{\lim_{n \to \infty} \sqrt[n]{|c_n|}} \tag{1.35}$$

：コーシー-アダマール (Cauchy-Hadamard) の定理の変形

$$R = \lim_{n \to \infty} \left| \frac{c_n}{c_{n+1}} \right| \quad (\text{もし右辺が収束するならば}) \tag{1.36}$$

：ダランベール (d'Alembert) の判定法の応用

が有名である．ここでは具体的に指数関数 e^z の場合に調べてみよう．(1.32) 式の級数から，$c_n = 1/n!$ であるから，

$$\frac{c_n}{c_{n+1}} = n + 1 \tag{1.37}$$

なので (1.36) 式により収束半径 R は無限大ということになる．つまり e^z は $|z| < \infty$ で常に収束することを意味する．

収束半径が有限となる例は

$$\frac{1}{1-z} = \sum_{n=0}^{\infty} z^n \tag{1.38}$$

である．実際，右辺より $c_n = 1$ であるから，明らかに $R = 1$ である．確かに $z = 1$ では右辺も左辺も無限大になってしまう（関連した問題を 4.4 節で扱う）．

実は収束半径の内部では無限級数は単に収束するだけでなく，絶対収束（$\sum_{n=0}^{\infty} |c_n z^n|$ という絶対値の無限級数が収束）し，さらに一様収束することも証明されている．一様収束とは一言でいうと，級数

$$f_N(z) = \sum_{n=0}^{N} c_n z^n \tag{1.39}$$

の極限値への近づき方が z の値によらないという性質のことである[*1)]．この一

様収束という収束性は大変性質のよいものなので厳密な証明の際にはしばしば用いられる．しかし本書では証明を省略することが多いのであまり必要がない．

あとで示すように，べき級数で表された関数は，何回でも項別微分したり積分したりすることが許される．その結果得られるべき級数の収束半径は，もとの級数と同じである．この性質のため，べき級数は複素関数論で非常に重要である．

複素数に拡張された指数関数に対しても加法定理

$$e^{z_1+z_2}=e^{z_1}e^{z_2} \tag{1.40}$$

が成立する（演習問題1.11）．また，オイラーの関係式

$$e^{i\theta}=\cos\theta+i\sin\theta \tag{1.41}$$

の複素数版

$$e^{iz}=\cos z+i\sin z \tag{1.42}$$

を示すことができる（演習問題1.12）．また $e^{iz}e^{-iz}=1$ に (1.42) 式を代入すると

$$\cos^2 z+\sin^2 z=1 \tag{1.43}$$

という関係も成り立つことがわかる．オイラーの関係式 (1.42) を逆に解くと，

$$\cos z=\frac{1}{2}(e^{iz}+e^{-iz}) \tag{1.44}$$

$$\sin z=\frac{1}{2i}(e^{iz}-e^{-iz}) \tag{1.45}$$

となることがわかる．以上の関係式は実数の場合とまったく同じである．三角関数の加法定理などもまったく同様に成立する．

双曲線関数は

$$\cosh z=\frac{1}{2}(e^z+e^{-z})=\sum_{n=0}^{\infty}\frac{1}{(2n)!}z^{2n} \tag{1.46}$$

$$\sinh z=\frac{1}{2}(e^z-e^{-z})=\sum_{n=0}^{\infty}\frac{1}{(2n+1)!}z^{2n+1} \tag{1.47}$$

[*1)] ある z に対して関数列 $f_N(z)$ が $f(z)$ に収束するとは，任意の $\varepsilon>0$ に対してそれに応じてある自然数 N_0 が存在し，$N>N_0$ のときに $|f(z)-f_N(z)|<\varepsilon$ が成立するということである．これが収束の定義である．一般には N_0 の値は z の値によって異なった値でよい．もしもある領域内のすべての z に対して，N_0 が z の値によらずに一定の値（ε には依存する）にとることができるとき，関数列 $f_N(z)$ は，その領域において一様収束するという．式で書けば，任意の $\varepsilon>0$ に対して，ある自然数 N_0 が存在して，$N>N_0$ のときに領域内すべての z に対して $|f(z)-f_N(z)|<\varepsilon$ が成立するということである．

として定義されるが，これらは三角関数と
$$\cos(iz)=\cosh z \tag{1.48}$$
$$\sin(iz)=i\sinh z \tag{1.49}$$
という関係がある．(1.33)，(1.34) 式と (1.46)，(1.47) 式を比較してみよ．このように三角関数と双曲線関数は非常に関係が深い．

1.6　対数関数と一般のべき乗関数 z^a

複素数の指数関数 e^z の逆関数として，複素数の対数関数を定義することができる．つまり
$$\omega=\log z \tag{1.50}$$
の ω は，$z=e^\omega$ を満たすものとして定義する．z を極座標で表し，ω の実部と虚部を u,v とおくと，$z=e^\omega$ は
$$z=re^{i\theta}=e^{u+iv}=e^u e^{iv} \tag{1.51}$$
となる．したがって
$$e^u=r, \quad v=\theta+2\pi n \quad (n=0,\pm 1,\pm 2,\cdots) \tag{1.52}$$
$r>0$ だから，$u=\log r$ であるが，v は 2π の整数倍の不確定性が残る．これは $\log z$ が無限多価関数であることを意味している．まとめて書くと
$$\log z=\log r+i(\theta+2\pi n)=\log|z|+i\arg z \tag{1.53}$$
である．$\arg z$ には 1.1 節で述べた不定性が含まれている．

とくに，$-\pi<\arg z\leq\pi$ と選べば，虚数部分の不定性がなくなるが，これを $\log z$ の主値といい，大文字の L を用いて
$$\mathrm{Log}\, z=\log|z|+i\theta \quad (-\pi<\theta\leq\pi) \tag{1.54}$$
と書くことがある．この場合，z が実数で $z>0$ ならば $\mathrm{Log}\, z$ は実数，$z<0$ ならば $\mathrm{Log}\, z$ の虚部は $i\pi$ ということになる．

$\log z$ は無限多価関数であるから，リーマン面は (1.52) 式の n にしたがって無限枚必要になる．1 枚目のリーマン面上で主値をとるようにすると，図 1.13 のように分岐線を入れればよいことがわかる．実際，z の偏角を 0 から増加させていき，π を越えると 2 枚目のリーマン面に入ることになる．

$\mathrm{Log}(1+z)$ のべき級数展開は
$$\mathrm{Log}(1+z)=z-\frac{1}{2}z^2+\frac{1}{3}z^3-\cdots$$

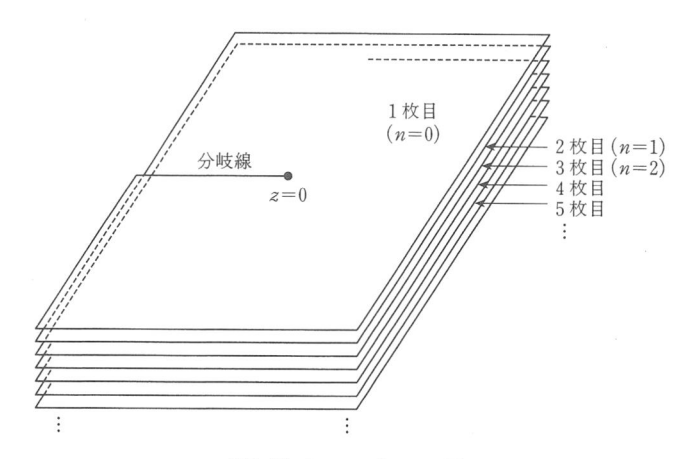

図 1.13 $\log z$ のリーマン面
$n=0,1,2,\cdots$ と無限に続く．$\theta=-\pi$ の方をまわっていくと $n=-1,-2,\cdots$ に対応して上方にも無限に続いている．

$$=\sum_{n=1}^{\infty}\frac{(-1)^{n+1}}{n}z^n \tag{1.55}$$

である (収束半径は $R=1$)．

複素変数のべき乗関数 z^{α} (z も α も複素数) は $\log z$ を通して定義することができる．つまり

$$z^{\alpha}=e^{\alpha\log z} \tag{1.56}$$

で定義することにする．たとえば i^i は

$$i^i=e^{i\log i} \tag{1.57}$$

$\log$ の主値をとる場合は，$\log i=\log e^{(i/2)\pi}=(i/2)\pi$ であるから

$$i^i=e^{-(\pi/2)} \tag{1.58}$$

一般には $\log i=(i/2)\pi+2n\pi i$ であるから，

$$i^i=e^{-\pi/2-2n\pi} \tag{1.59}$$

演習問題

1.1 i の平方根を求めよ．またその解の絶対値と偏角を求めよ．

1.2 i の 3 乗根 ($i^{1/3}$) を求めよ．

1.3 z が与えられたとき $\omega^n=z$ を満たす ω をすべて求めよ．

1.4 $\overline{(z_1 z_2)}=\overline{z_1}\,\overline{z_2}$, $\overline{(z_1/z_2)}=\overline{z_1}/\overline{z_2}$ を示せ．また $|z_1+z_2|\leq|z_1|+|z_2|$ を示せ．一般には

$|z_1+z_2+\cdots+z_n| \leq |z_1|+|z_2|+\cdots+|z_n|$ である.

1.5 オイラーの関係式を用いて
$$(\cos\theta+i\sin\theta)^n=\cos n\theta+i\sin n\theta$$
を示せ (ド・モアブル (de Moivre) の定理).

1.6 a が任意の複素数, b が実数のとき,
$$\bar{a}z+a\bar{z}+b=0$$
という式が複素平面上の直線を表すことを示せ.

1.7 b が任意の複素数, a, c が実数 ($a\neq 0$) のとき
$$az\bar{z}+\bar{b}z+b\bar{z}+c=0$$
が複素平面上の円を表すことを示し, その中心と半径を求めよ.

1.8 図 1.11 (b) の各位置での偏角を確かめ, ω の具体的な値を図 1.11 (a) にならって決定せよ.

1.9 $\sum_{n=0}^{\infty}z^n$ と $\sum_{n=0}^{\infty}(-1)^n z^n$ の収束半径が 1 であることを示せ. ちなみに, $\sum_{n=0}^{\infty}z^n$ は $|z|=1$ では収束しない (常に発散する). また $1/(1+z)=1-z+z^2-z^3+\cdots$ であるが, $z=1$ とおくと, 左辺は $1/2$ であるが右辺は収束しない.

1.10 $1/(1+x^2)=1-x^2+x^4-x^6+\cdots$ の右辺の収束する領域を求めよ. また両辺を 0 から 1 まで積分して $\tan^{-1}x$ のテイラー (Taylor) 展開を求めよ. さらに $x=1$ とおくと π を求める公式が得られる (ライプニッツ (Leibniz) の級数).

1.11 任意の複素数 z_1, z_2 に対して
$$e^{z_1}e^{z_2}=\sum_{n=0}^{\infty}\sum_{m=0}^{\infty}\frac{1}{n!}z_1^n\frac{1}{m!}z_2^m$$
である. この式の右辺を整理しなおして,
$$\sum_{l=0}^{\infty}\frac{1}{l!}(z_1+z_2)^l$$
となることを確かめよ.

1.12 定義 (1.32)~(1.34) を用いて (1.42) 式を示せ.

1.13 次の式の実部と虚部を求めよ. $\sin(-i\pi), \cosh(1+(3/\pi)i), \log(1+i), 2^i, (1+i)^i$.

1.14 次の級数の収束域を求めよ. また収束するときの和を初等関数で表せ.

(i) $\sum_{n=1}^{\infty}n^2 z^n$, (ii) $\sum_{n=1}^{\infty}\frac{1}{n}z^n$

(iii) $1+\frac{1}{1\cdot 2}z+\frac{1}{2\cdot 3}z^2+\cdots+\frac{1}{n(n+1)}z^n+\cdots$

(iv) $\frac{z}{1-z}+\frac{z}{(1-z)^2}+\cdots+\frac{z}{(1-z)^n}+\cdots$

(ⅴ) $1+\dfrac{m}{1!}z+\dfrac{m(m-1)}{2!}z^2+\cdots+\dfrac{m(m-1)\cdots(m-n+1)}{n!}z^n+\cdots$

(ⅵ) $\sum_{n=1}^{\infty}\left(\sum_{r=1}^{n}\dfrac{1}{r}\right)z^n$

(ⅶ) $\sum_{n=0}^{\infty}\dfrac{1}{(4n)!}z^{4n}$

(ⅷ) $\sum_{n=1}^{\infty}\dfrac{(-1)^{n+1}n^2}{(2n-1)!}z^{2n-1}$

1.15 $(z-a)^{1/2}(z-b)^{1/2}$ と $\log\{(z-a)/(z-b)\}$ のリーマン面を説明せよ.

2

複素関数の微分と正則性

2.1 微分可能性

　この章では複素関数 $\omega=f(z)$ の微分を考える．実数関数の場合と同じように，$z=z_0$ における微分係数を

$$\left(\frac{d\omega}{dz}\right)_{z_0}=f'(z_0)=\lim_{z\to z_0}\frac{f(z)-f(z_0)}{z-z_0}=\lim_{h\to 0}\frac{f(z_0+h)-f(z_0)}{h} \tag{2.1}$$

で定義する．この極限値が存在するときに，関数 $\omega=f(z)$ は $z=z_0$ で微分可能であるという．ただしここで極限値が複素数の極限であることに注意しなければならない．図2.1のように z が z_0 に近づく方向は複素平面上どの方向でもかまわない．(2.1)式の極限値が存在するとは，どの方向から近づいても同じ値にならなければならないという厳しい制限がついているわけである．

　とはいっても単純な複素関数の微分は，実数関数のときとまったく同じである．

例1 たとえば $f(z)=z^2$ の微分係数は

$$\lim_{h\to 0}\frac{(z_0+h)^2-z_0^2}{h}=\lim_{h\to 0}(2z_0+h)=2z_0$$

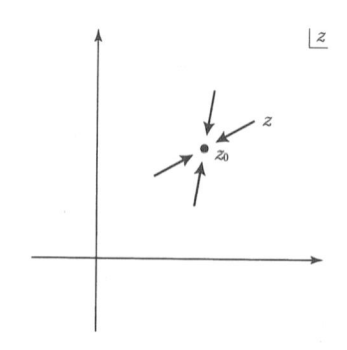

図2.1 複素平面上での z_0 への極限のとり方

と計算できる．ここで最後の等式は，複素数 h が複素平面上どの方向から 0 に近づいても成立するために極限値が存在するのである．同じように $f(z)=z^n$ の z_0 での微分係数は nz_0^{n-1} である（各自確かめよ）．

例2 今後よく出てくる関数

$$f(z)=\frac{1}{z-a} \qquad (a\text{ は複素数}) \tag{2.2}$$

の微分係数を求めてみよう．

$$\lim_{h\to 0}\frac{1}{h}\left(\frac{1}{z_0+h-a}-\frac{1}{z_0-a}\right)=\lim_{h\to 0}\frac{-1}{(z_0+h-a)(z_0-a)}=-\frac{1}{(z_0-a)^2}$$

であるから，$z_0=a$ 以外のすべての点で関数 $1/(z_0-a)$ は微分可能である．$z_0=a$ では微分可能とはいわない．

複素平面上のある領域内の任意の z において，複素関数 $f(z)$ が微分可能であるとき，$f(z)$ はその領域で正則（regular または holomorphic）であるという（一般に，定義されている領域で微分可能な関数を解析関数という）．今後，関数がある点において正則であるとしばしば表現するが，これはその点の近傍の領域で正則（微分可能）であることを意味することにする．したがって上の例1では $f(z)=z^2$ は複素平面の無限遠点以外の点で正則，例2の $f(z)=(z-a)^{-1}$ は $z=a$ を除くすべての点で正則であるという．

正則でない点を特異点（singular point）と呼ぶ．特に $f(z)=(z-a)^{-1}$ のような特異点，つまり

$$\lim_{z\to a}(z-a)f(z) \tag{2.3}$$

の極限値が存在する特異点を1位の極（pole）と呼ぶ．極は第3章の複素積分においてきわめて重要な役割りを果たす．$(z=\infty$ を除く$)z$ 平面上のすべての点で正則な関数を整関数という．

ここで正則という定義に関連して，関数の連続性との関係を見ておこう．$f(z)$ が $z=z_0$ で正則，すなわち微分可能であるならば，$f(z)$ は z_0 で連続であることが示される．実際，定義式 (2.1) から

$$\lim_{z\to z_0}(f(z)-f(z_0))=\lim_{z\to z_0}f'(z_0)(z-z_0)=0 \tag{2.4}$$

となるが，この式は $f(z)$ が連続的に $f(z_0)$ に近づくことを示している．しかし逆は必ずしも成り立たない．この性質は実数関数の場合とまったく同じである．

例3 次に自明でない例として $\omega=f(z)=z^{1/2}$ の微分係数を考えてみよう．この関数は 1.3 節で調べたように 2 価関数であるから，ω の値として 2 つの値のうちどちらをとるのか決めておかなければならない．または 1.4 節のリーマン面を考えて，2 枚の平面のうちどちらにいるかを考えておいてもよい．微分係数は，

$$f'(z_0)=\lim_{z\to z_0}\frac{z^{1/2}-z_0^{1/2}}{z-z_0}$$

であるが，$\omega=z^{1/2}$, $\omega_0=z_0^{1/2}$ とおくと，分母は $z-z_0=\omega^2-\omega_0^2$ と書けるので

$$f'(z_0)=\lim_{\omega\to\omega_0}\frac{\omega-\omega_0}{\omega^2-\omega_0^2}=\frac{1}{2\omega_0}=\frac{1}{2z_0^{1/2}}=\frac{1}{2}z_0^{-1/2} \tag{2.5}$$

となる．この結果は実数の場合の $(d/dx)\sqrt{x}=(1/2)(1/\sqrt{x})$ と同じ形であるが，リーマン面のどこにいるかによって，右辺の偏角を決めなければならない．また，$z_0=0$ では微分可能ではない．

以上のことから関数 $f(z)=z^{1/2}$ は $z=0$ 以外の点で正則であるといえる．$z=0$ は特異点の一種であるが，リーマン面を導入したときの分岐線の出発点にあたる．このような特異点を分岐点 (branch point) と呼ぶ．

1.5 節では無限級数による複素関数を導入したが，これらの関数は収束円内で正則であることが示される．実際，収束半径 R の無限級数

$$f(z)=\sum_{n=0}^{\infty}c_n z^n \tag{2.6}$$

に対して，導関数が

$$f'(z)=\sum_{n=1}^{\infty}nc_n z^{n-1} \tag{2.7}$$

となることが証明できる（一般に無限和と微分演算が交換可能かどうかは自明ではない）．さらに，収束半径は同じ R であることが証明できる．確かに判定法 (1.36) を用いると

$$\lim_{n\to\infty}\left|\frac{nc_n}{(n+1)c_{n+1}}\right|=\lim_{n\to\infty}\left|\frac{c_n}{c_{n+1}}\right|=R \tag{2.8}$$

である．厳密な証明においては，1.5 節でふれた一様収束の性質が重要な役割りを果たすのであるが，ここでは詳しく述べない．

(2.7) 式の結果を見ると，無限級数の各項を個別に微分した形になっている

ことがわかる．これを項別微分という[*1)]．つまり，収束半径内では無限和 $\sum_{n=0}^{\infty}$ と z に関する微分の順序を交換してよいことを示している．

例 4 1.5 節で定義した指数関数，三角関数，双曲線関数は $|z|<\infty$ の領域（収束半径 $R=\infty$) において正則関数である．導関数は実数の場合と同様になり，

$$\left.\begin{aligned}
\frac{d}{dz}e^z &= e^z \\
\frac{d}{dz}\sin z &= \cos z \\
\frac{d}{dz}\cos z &= -\sin z \\
\frac{d}{dz}\sinh z &= \cosh z \\
\frac{d}{dz}\cosh z &= \sinh z
\end{aligned}\right\} \tag{2.9}$$

である．

対数関数の微分は，$\omega=\log z$ を $z=e^\omega$ と表してから合成関数の微分を用いれば求められる．$z=e^\omega$ の両辺を z で微分すると

$$1 = \frac{d\omega}{dz}e^\omega$$

となるから

$$\frac{d}{dz}\log z = \frac{d\omega}{dz} = \frac{1}{e^\omega} = \frac{1}{z} \tag{2.10}$$

が得られる．これは実数関数の場合と同じである．

また，一般のべき（定義は 1.5 節）の微分についても

$$\begin{aligned}
\frac{d}{dz}z^\alpha &= \frac{d}{dz}e^{\alpha\log z} = \frac{d}{dz}(\alpha\log z)\cdot e^{\alpha\log z} = \frac{\alpha}{z}e^{\alpha\log z} \\
&= \alpha z^{\alpha-1}
\end{aligned} \tag{2.11}$$

となり，実数でなじみの形である．

[*1)] 一様収束しない場合は項別微分ができない．たとえば $|x|<\pi$ で

$$\frac{x}{2} = \sin x - \frac{1}{2}\sin 2x + \frac{1}{3}\sin 3x \cdots$$

となることが証明できるが，この両辺を項別微分すると

$$\frac{1}{2} = \cos x - \cos 2x + \cos 3x + \cdots$$

となる．右辺は発散するので正しくない．第 1 の式の右辺は一様に収束しないのである．

2.2 コーシー–リーマンの関係式

複素関数の実部と虚部には重要な性質がある．複素関数を $\omega=f(z)=u+iv$ というように実部と虚部に分けると，u, v は実数の変数 x と y ($z=x+iy$) を持つ関数

$$u(x, y), \qquad v(x, y) \tag{2.12}$$

と書ける．つまり複素関数 $\omega=f(z)$ は 2 つの 2 変数関数 $u(x, y), v(x, y)$ によって表すことができる．このように書いてしまうと複素数を用いる理由はなくなってしまう．しかし複素関数が正則であるという条件があると，関数 u と v の間には特別な関係が成り立つ．これをコーシー–リーマン (Cauchy-Riemann) の関係式という．定理として書くと，

定理 複素関数 $f(z)$ がある領域で正則であるための必要十分条件は，領域内の各点 $z=x+iy$ において，$u(x, y)$ と $v(x, y)$ が全微分可能[*2]であり，かつコーシー–リーマンの関係式

$$\frac{\partial u}{\partial x}=\frac{\partial v}{\partial y}, \qquad \frac{\partial u}{\partial y}=-\frac{\partial v}{\partial x} \tag{2.13}$$

を満たすことである．

実際に $f(z)$ が領域内の点 $z_0=x_0+iy_0$ で正則であるとすると，複素平面上のどちらの方向から z_0 に近づいても微分係数 (2.1) の極限値が同じはずである．たとえば (2.1) 式の h として実数 ε を用いると

$$\begin{aligned}f'(z_0)&=\lim_{\varepsilon\to 0}\frac{f(z_0+\varepsilon)-f(z_0)}{\varepsilon}\\&=\lim_{\varepsilon\to 0}\frac{1}{\varepsilon}\{u(x_0+\varepsilon, y_0)+iv(x_0+\varepsilon, y_0)-u(x_0, y_0)-iv(x_0, y_0)\}\\&=\frac{\partial u}{\partial x}+i\frac{\partial v}{\partial x}\end{aligned} \tag{2.14}$$

となる．一方 h として純虚数 $h=i\varepsilon$ を用いると，

[*2] 全微分可能とは，2 変数関数 $u(x, y)$ を例にとると，$\Delta x, \Delta y$ が微小量のとき
$$u(x+\Delta x, y+\Delta y)-u(x, y)=A\Delta x+B\Delta y+微小量$$
と書けることをいう．このとき $u(x, y)$ は偏微分可能であり $A=\partial u/\partial x, B=\partial u/\partial y$ である．また，逆に偏微分が存在して連続ならば全微分可能である．

$$f'(z_0) = \lim_{\varepsilon \to 0} \frac{1}{i\varepsilon}\{u(x_0, y_0+\varepsilon) + iv(x_0, y_0+\varepsilon) - u(x_0, y_0) - iv(x_0, y_0)\}$$
$$= \frac{1}{i}\frac{\partial u}{\partial y} + \frac{\partial v}{\partial y} \tag{2.15}$$

となる．両者が等しくなるためには，コーシー−リーマンの関係式 (2.13) が成立していなければならないことがわかる．

必要十分性などの詳しい証明は数学の教科書にゆずり，ここではもう少し直観的な説明を試みよう．関数 $f(z)$ を

$$f(x+iy) = u(x, y) + iv(x, y) \tag{2.16}$$

と考えてみよう．この式の両辺を x で偏微分する．左辺は合成関数の微分であるとみなし，右辺は単純に偏微分すると，$z = x + iy$ であるから

$$f'(z)\frac{\partial z}{\partial x} = f'(z) = \frac{\partial u}{\partial x} + i\frac{\partial y}{\partial x} \tag{2.17}$$

となる．次に (2.16) 式の両辺を y で偏微分すると

$$f'(z)\frac{\partial z}{\partial y} = if'(z) = \frac{\partial u}{\partial y} + i\frac{\partial v}{\partial y} \tag{2.18}$$

(2.17) 式と (2.18) 式を比較するとコーシー−リーマンの関係式が成立しなければならないことがわかる．

具体例として $f(z) = z^2$ を考えると，$u(x, y) = x^2 - y^2$, $v(x, y) = 2xy$ である．コーシー−リーマンの関係式は

$$\frac{\partial u}{\partial x} = 2x = \frac{\partial v}{\partial y}$$
$$\frac{\partial u}{\partial y} = -2y = -\frac{\partial v}{\partial x}$$

となって成立している．他の例 $f(z) = (z-a)^{-1}$ などについては各自チェックしてみよ (演習問題 2.1, 2.5)．

2.3 調和関数

あとで示すことであるが，正則な関数 $f(z)$ の導関数 $f'(z)$ も必ず正則である．したがって $f(z)$ は何回でも微分可能である．この点が実数関数の場合と大きく異なっている (実際に，実数関数の場合は，$f'(x)$ が存在しても，2 階微分が存在しないような病的な関数を作ることができる[*3])．この正則関数の性質のため，$u(x, y), v(x, y)$ も連続関数で，何回でも偏微分可能である．そこ

でコーシー–リーマンの関係式(2.13)の第1式をxで偏微分し，第2式をyで偏微分すると

$$\frac{\partial^2 u}{\partial x^2} = \frac{\partial^2 v}{\partial x \partial y}, \quad \frac{\partial^2 u}{\partial y^2} = -\frac{\partial^2 v}{\partial y \partial x} \tag{2.19}$$

が得られる．さらに2階偏導関数も連続関数なので，xとyの偏微分の順序を入れ替えることができて，

$$\Delta u = \frac{\partial^2 u}{\partial x^2} + \frac{\partial^2 u}{\partial y^2} = 0 \tag{2.20}$$

が成立する．同様に$v(x, y)$に対しても

$$\Delta v = \frac{\partial^2 v}{\partial x^2} + \frac{\partial^2 v}{\partial y^2} = 0 \tag{2.21}$$

が成り立つ．この形の微分方程式はラプラス(Laplace)方程式と呼ばれるものである．したがってuとvは，それぞれラプラス方程式を満たす調和関数(harmonic function)の一種である．

ラプラス方程式は，ポテンシャル問題として物理学ではよく出てくる方程式である．正則な関数の実部と虚部が，それぞれラプラス方程式を満足することを用いると，境界値問題が簡単に解ける場合がある．このことについては第5章の等角写像とその応用のところで詳しく述べる．

またコーシー–リーマンの関係式があるおかげで，$u(x, y), v(x, y)$のうち片方が与えられれば，もう一方の関数は定数項を除いて一意的に決定できる．たとえば

$$u(x, y) = x^2 - y^2 \tag{2.22}$$

であるとすると，(2.13)式から

$$\frac{\partial u}{\partial x} = 2x = \frac{\partial v}{\partial y}, \quad \frac{\partial u}{\partial y} = -2y = -\frac{\partial v}{\partial x} \tag{2.23}$$

が得られる．第1式をyで積分すると，

$$v(x, y) = 2xy + \varphi(x)$$

であることがわかる．ここで$\varphi(x)$はxのみに依存する関数である．これを(2.23)式の第2式に代入すると$\varphi'(x) = 0$つまり$\varphi(x) = $定数が得られる．こうして

[*3)] たとえば
$$f(x) = x^2 \sin(1/x)$$
$f'(x)$は$x = 0$のところで不連続であり，2階微分できない．

$$v(x,y)=2xy+C \quad (C \text{ は定数})$$

もとの正則な関数は

$$f(z)=z^2+iC$$

である．

ある領域で正則な関数 $f(z)$ が常に実数値を持つとする．この場合は $v(x,y)=0$ が与えられていることになる．このとき，コーシー–リーマンの関係式は

$$\frac{\partial u}{\partial x}=0, \quad \frac{\partial u}{\partial y}=0 \qquad (2.24)$$

になるから，$u(x,y)=$ 定数である．つまり，実数値を持つ正則関数は自明なもの $f(z)=C$（定数）しかありえないということがわかる．

2.4　解析関数 $f(z)$ は $\bar{z}$ を含まない

正則ではない例をいくつか取り上げて，正則であることの意味について考えてみよう．

例1　$f(z)=\mathrm{Re}\,z$ という関数は，z の関数といってもよいが，すべての点 z_0 において正則ではない，つまり解析関数ではない．実際，微分係数の定義に従って計算しようとすると（$z=x+iy, z_0=x_0+iy_0$ として），

$$\lim_{z\to z_0}\frac{x-x_0}{x-x_0+i(y-y_0)}$$

であるが，これは $z\to z_0$ への極限のとり方に依存する．たとえば $y=y_0$ で $x\to x_0$ とすると極限値は 1 であるが，$x=x_0$ で $y\to y_0$ とすれば極限値は 0 である．したがって $\mathrm{Re}\,z$ は正則ではない．この場合 $u(x,y)=x, v(x,y)=0$ であるが，これらはコーシー–リーマンの関係式を満たさない．この例は $f(z)$ 自身は連続であるが，微分可能ではない例の1つである．

例2　$f(z)=\bar{z}$ という関数も，すべての点 z_0 において正則ではない．実際に $z=z_0+re^{i\theta}$ として $r\to 0$ という極限を考えると

$$\lim_{r\to 0}\frac{\bar{z}-\bar{z}_0}{z-z_0}=\lim_{r\to 0}\frac{re^{-i\theta}}{re^{i\theta}}=e^{-2i\theta}$$

となるので，極限値は $z\to z_0$ への近づき方（今の場合は θ の方向）に依存してしまう．

例1の $\mathrm{Re}\,z$ は $(1/2)(z+\bar{z})$ と書けるから，複素関数 $f(z)$ が $\bar{z}$ にも依存す

るときは正則ではないと予想される．もとに戻って考えてみると，$z=x+iy$ として $f(z)$ を

$$f(z)=u(x,y)+iv(x,y) \tag{2.25}$$

と表してしまうと，右辺は z のみの関数であるかどうかは明らかでなくなってしまう．実は，コーシー–リーマンの関係式は，(2.25) 式の右辺が $\bar{z}$ に依存しないということを保証するものになっている．このことを以下に示してみよう．

x と y は

$$\begin{cases} x=\dfrac{1}{2}(z+\bar{z}) \\ y=\dfrac{1}{2i}(z-\bar{z}) \end{cases} \tag{2.26}$$

と表すことができるから，$u(x,y)$ と $v(x,y)$ に代入して

$$\begin{cases} U(z,\bar{z})=u(x(z,\bar{z}),y(z,\bar{z})) \\ V(z,\bar{z})=v(x(z,\bar{z}),y(z,\bar{z})) \end{cases} \tag{2.27}$$

という関数を考えてみる．ここで左辺では，z と $\bar{z}$ が独立な 2 つの変数であると考えることにしよう．つまり変数 (x,y) から (2.26) 式に従って変数変換

$$(x,y) \to (z,\bar{z}) \tag{2.28}$$

をしたと考えてみる．こうしておいて，$u+iv=U(z,\bar{z})+iV(z,\bar{z})$ が $\bar{z}$ に依存しないということを示そう．

$\bar{z}$ を独立な変数とみなしているので，$\bar{z}$ で偏微分すると

$$\frac{\partial}{\partial \bar{z}}(U(z,\bar{z})+iV(z,\bar{z}))=\frac{\partial u}{\partial x}\frac{\partial x}{\partial \bar{z}}+\frac{\partial u}{\partial y}\frac{\partial y}{\partial \bar{z}}+i\frac{\partial v}{\partial x}\frac{\partial x}{\partial \bar{z}}+i\frac{\partial v}{\partial y}\frac{\partial y}{\partial \bar{z}} \tag{2.29}$$

と書ける．ここで $u(x(z,\bar{z}),y(z,\bar{z}))$ を合成関数とみなして，合成関数の偏微分の公式を用いた．(2.26) 式の関係を用いると

$$\frac{\partial x}{\partial \bar{z}}=\frac{1}{2}, \quad \frac{\partial y}{\partial \bar{z}}=-\frac{1}{2i}=\frac{i}{2} \tag{2.30}$$

であるから，(2.29) 式の右辺を整理すると

$$\frac{\partial}{\partial \bar{z}}(U(z,\bar{z})+iV(z,\bar{z}))=\frac{1}{2}\left(\frac{\partial u}{\partial x}-\frac{\partial v}{\partial y}\right)+\frac{i}{2}\left(\frac{\partial u}{\partial y}+\frac{\partial v}{\partial x}\right) \tag{2.31}$$

となる．コーシー–リーマンの関係式は，この式の右辺が 0 となることを保証するから，$U(z,\bar{z})+iV(z,\bar{z})$ が $\bar{z}$ に依存しないことがわかる．

(2.29) 式と (2.30) 式を合わせて考えると，形式的に

$$\frac{\partial}{\partial \bar{z}} = \frac{1}{2}\left(\frac{\partial}{\partial x} + i\frac{\partial}{\partial y}\right) \tag{2.32}$$

と定義すればよいことがわかる．これを複素偏微分と呼ぶことがある．同様に

$$\frac{\partial}{\partial z} = \frac{1}{2}\left(\frac{\partial}{\partial x} - i\frac{\partial}{\partial y}\right) \tag{2.33}$$

コーシー−リーマンの関係式は

$$\frac{\partial}{\partial \bar{z}} f = 0 \tag{2.34}$$

と書ける．また $f'(z) = (\partial/\partial z)f$ である（演習問題 2.7）．

また，任意の偏微分可能な関数 $g(x, y)$ に対して，そのラプラシアンは

$$\Delta g = 4 \frac{\partial}{\partial z} \frac{\partial}{\partial \bar{z}} g \tag{2.35}$$

と書くこともできる（演習問題 2.8）．もし $g(x, y)$ が正則関数 $f(z)$ と $f(z=x+iy) = g(x, y)$ の関係にあれば，$\partial f/\partial \bar{z} = \partial g/\partial \bar{z} = 0$ であるから，(2.35)式から $u(x, y)$ と $v(x, y)$ がラプラス方程式を満たすことが明らかである．

演習問題

2.1 $f(z) = (z-a)^{-1}$ のときの $u(x, y), v(x, y)$ を具体的に求め，コーシー−リーマンの関係式が成立していることを確かめよ．

2.2 z_0 の近傍で正則な関数 $f(z)$ が，常に $f'(z) = 0$ であるとする．このとき $f(z)$ は一定値であることを示せ．

2.3 $v(x, y) = 3x^2y - y^3$ の場合に，コーシー−リーマンの関係式を用いて $u(x, y)$ を決めよ．$f(z)$ はどのような関数であるか．

2.4 $z = x + iy$ とすると
$$e^z = e^x(\cos y + i \sin y)$$
と書ける．関数 $f(z) = e^z$ の z_0 における微分係数を定義(2.1)式に従って求めよ．
　　（ⅰ）$z = z_0 + h$（h は実数）として $h \to 0$ とする極限
　　（ⅱ）$z = z_0 + ik$（k は実数）として $k \to 0$ とする極限
の2つの場合について同じ極限値となることを示せ．

2.5 対数関数 $\log z$ および指数関数 e^z の場合の，$u(x, y), v(x, y)$ を求め，コーシー−リーマンの関係式が成立することを示せ（$z=0$ を除いて $\log z$ は正則である）．

2.6 次の関数は調和関数であるか調べよ．調和関数であれば，その関数が $u(x, y)$

となるような正則関数 $f(z)$ を求めよ．

（i） $3x^2y-y^3$, （ii） x^3+xy^2, （iii） x^2-y^2+x

（iv） $\dfrac{x}{x^2+y^2}$, （v） $\dfrac{1}{2}\log(x^2+y^2)$

2.7 (2.32), (2.33)式の複素偏微分を用いて, $f'(z)=(\partial/\partial z)f$ を示せ．

2.8 (2.35)式を示せ．

2.9 $f(z)$ が正則であるとき

$$\left(\frac{\partial^2}{\partial x^2}+\frac{\partial^2}{\partial y^2}\right)|f(z)|^2=4|f'(z)|^2$$

を示せ．

2.10 $f(z)=u+iv$ が正則であるとき $u(x,y)=$一定 と $v(x,y)=$一定という曲線は一般に互いに直交することを示せ．

3 複素積分

3.1 定義といくつかの性質

複素関数の積分は物理学上での応用範囲が非常に広い．その積分値は，関数の正則性や特異点の性質を用いると，簡単に求められることがある．さらに複素平面上に拡張したグリーン (Green) 関数などを，複素積分のアイデアを用いて調べることにより，特異点の位置が因果律や粒子の寿命といった物理的な意味を持つことがわかる．

実数関数の積分のときは，実数 a から b までの定積分を，関数の値と微小長さ Δx から定義した．これを複素数の場合に拡張したものが複素積分である．まず実数 a から b までという代わりに，複素平面上の積分路 (path) を指定する必要がある (図 3.1)．積分路は実軸上である必要はなく，複素平面またはリーマン面上を自由にとることができる．積分の値は一般的には積分路に依存する．

積分すべき複素関数は，積分路を含む領域で一価連続であるとする．まず図 3.1 のように積分路 C を n 個の微小区間に分割し，その各区間内の任意の点

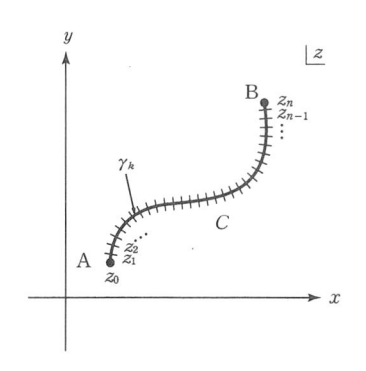

図 3.1 複素平面内の積分路 C とその分割

γ_k を選び出す．実数関数の定積分の定義と同様に，和

$$S_n = \sum_{k=1}^{n} f(\gamma_k) \Delta z_k \qquad (\Delta z_k = z_k - z_{k-1}) \tag{3.1}$$

を考える．$f(z)$ が連続であり，積分路 C が滑らかであれば，分割の数 n を限りなく増やしていくと，極限 $\lim_{n \to \infty} S_n$ は分割の仕方や γ_k の選び方によらず，一定の有限な値に収束することが示される．この極限値を

$$S = \int_C f(z) dz \tag{3.2}$$

と表し，$f(z)$ の曲線 C 上の複素積分であると定義する．

もし積分路が1つのパラメータ(媒介変数) t を用いて $z(t)$ $(t_1 \leq t \leq t_2)$ として表される場合には，具体的な計算がしやすい．Δz_k との関係は

$$\Delta z_k = \left(\frac{dz}{dt}\right) \Delta t \tag{3.3}$$

と書けるから，積分値 S は

$$S = \int_{t_1}^{t_2} f(z(t)) \left(\frac{dz}{dt}\right) dt \tag{3.4}$$

で与えられる．たとえば積分路が実軸上ならば，$z=t$ での値 $f(t)$ を用いて

$$S = \int_{t_1}^{t_2} f(t) dt$$

となり，実数の場合とまったく同じである．また積分路が虚軸上ならば，$z=it$ とおけば $dz/dt=i$ なので

$$S = \int_{t_1}^{t_2} f(it) i\, dt$$

である．また円周上の積分を用いることがしばしば出てくるが，この場合はパラメータを偏角 θ にとればよい．半径を r として

$$z(\theta) = re^{i\theta} \qquad (\theta_1 \leq \theta \leq \theta_2) \tag{3.5}$$

とおくと

$$\frac{dz}{d\theta} = ire^{i\theta}$$

であるから，積分値は

$$S = \int_{\theta_1}^{\theta_2} f(re^{i\theta}) ire^{i\theta} d\theta \tag{3.6}$$

と計算すればよいことになる．

実際にいくつかの例で積分を実行してみよう．

3.1 定義といくつかの性質

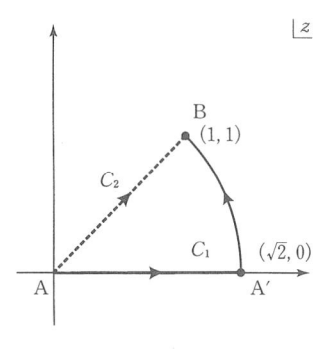

図 3.2 $f(z)=z^2$ の積分路

例1 $f(z)=z^2$ を図 3.2 の積分路 C_1 と C_2 に沿って A 点から B 点まで積分せよ.

まず C_1 の前半 $A \to A'$ までは，実軸に沿っての積分だから，実数関数のときと同様に

$$\int_{A \to A'} f(z)dz = \int_0^{\sqrt{2}} x^2 dx = \frac{2}{3}\sqrt{2}$$

である (t の代わりに x と書いた). 次に C_1 の後半は円周上の積分だから, (3.6) 式を用いて

$$\int_{A' \to B} f(z)dz = \int_0^{\pi/4} (\sqrt{2}e^{i\theta})^2 i\sqrt{2}e^{i\theta} d\theta = \frac{2\sqrt{2}}{3}(e^{(3/4)i\pi}-1)$$

2つを合計して整理すると,

$$\int_{C_1} f(z)dz = \frac{2}{3}(-1+i)$$

と求まる.

次に C_2 に沿っての積分は $z(t)=t+it$ $(0 \le t \le 1)$ ととればよいから, $dz/dt=1+i$ を用いて

$$\int_{C_2} f(z)dz = \int_0^1 (t+it)^2(1+i)dt = \frac{1}{3}(1+i)^3 = \frac{2}{3}(-1+i)$$

この例の場合, 積分値は積分路に依存せず同じ値になった. 実は, この答えは $f(z)=z^2$ の "不定積分" (後述) $z^3/3$ を用いて

$$\frac{1}{3}(z_1^3 - z_0^3), \quad z_0=0 \text{ (出発点)}, \quad z_1=1+i \text{ (到着点)}$$

と表すことができる.

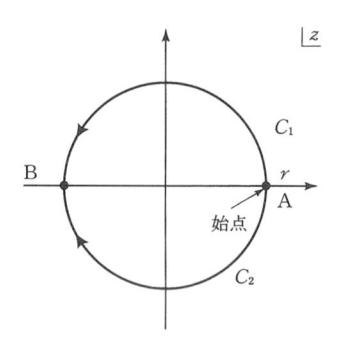

図 3.3 $f(z)=1/z$ の積分路

積分値が径路に依存する場合もある．これが複素積分の特徴の1つである（この場合には"不定積分"なるものは定義できない）．このような例を示してみよう．

例 2 図 3.3 の積分路に沿って関数 $f(z)=1/z$ を積分してみる．C_1 に沿っては，θ が 0 から π までなので

$$\int_{C_1} f(z)dz = \int_0^\pi \frac{1}{re^{i\theta}} ire^{i\theta} d\theta = \pi i$$

である．一方 C_2 に沿っては $z(\theta)=re^{-i\theta}$ ($0 \leq \theta \leq \pi$) ととれば

$$\int_{C_2} f(z)dz = \int_0^\pi \frac{1}{re^{-i\theta}}(-i)re^{-i\theta}d\theta = -\pi i$$

となる．両者の間には $2\pi i$ の差が存在する．

例 3 図 3.3 と同じ積分路で $f(z)=1/z^n$ ($n=2,3,\cdots$) を積分してみよう．例 2 と同様に θ 積分にすると

$$\int_{C_1} f(z)dz = \int_0^\pi \frac{1}{r^n e^{ni\theta}} ire^{i\theta} d\theta = \frac{1}{r^{n-1}} \frac{1}{(n-1)}\{1-(-1)^{n-1}\}$$

であり，C_2 に沿っての積分も同じ値になる．以上のことから n が正の整数のときには $n=1$ の場合（例 2）だけが特別であることがわかる．同様に $f(z)=z^n$ の場合も調べてみよ（演習問題 3.1）．

例 4 $f(z)=z^{1/2}$ の関数は 1.4 節で調べたように，2枚のリーマン面を考えると一価関数になる．そこで図 3.4 のような2つの経路を考える．C_1 は1枚目のリーマン面上，C_2 は2枚目のリーマン面に入る直前の偏角が 2π のところ

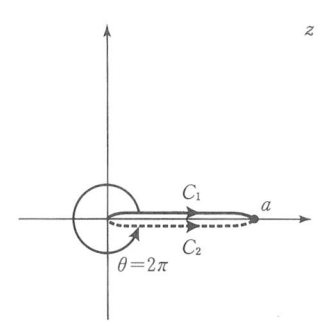

図 3.4 $f(z)=z^{1/2}$ の積分路

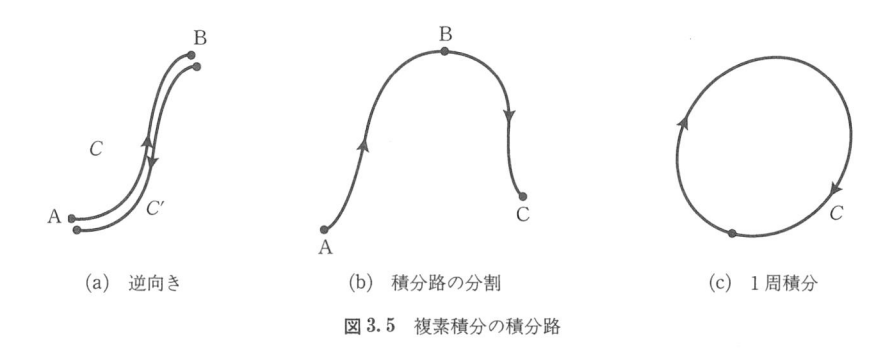

(a) 逆向き　　(b) 積分路の分割　　(c) 1 周積分

図 3.5 複素積分の積分路

とする．C_1 に沿っては $z=x$ と書くと $f(z)=\sqrt{x}$ と書ける．一方 C_2 に沿っては z の偏角は 2π なので $z=xe^{2\pi i}$，ゆえに $f(z)=\sqrt{x}\,e^{\pi i}=-\sqrt{x}$ である．したがって

$$\int_{C_1} f(z)dz = \int_0^a \sqrt{x}\,dx = \frac{2}{3}a^{3/2}$$

$$\int_{C_2} f(z)dz = \int_0^a -\sqrt{x}\,dx = -\frac{2}{3}a^{3/2}$$

と求まる．

複素積分の定義は線積分[*1)]の定義と類似しているので，線積分の公式と同様の公式が成立する．たとえば

(1) 積分路を逆にたどった場合（図 3.5 (a)）

$$\int_{A\to B} f(z)dz = -\int_{B\to A} f(z)dz \tag{3.7(a)}$$

[*1)] 線積分，面積分については実多変数関数の教科書などを参考．

(2) 積分路の分割(図3.5(b))

$$\int_{A\to B\to C} f(z)dz = \int_{A\to B} f(z)dz + \int_{B\to C} f(z)dz \qquad (3.7(b))$$

が成立する．また図3.5(c)のように閉曲線 C に沿って1周する複素積分も考えられる．この場合，特に

$$\oint_C f(z)dz$$

と書くこともある．

また，関数列 $f_n(z)$ が一様に $f(z)$ に収束するならば

$$\int_C f(z)dz = \lim_{n\to\infty} \int_C f_n(z)dz \qquad (3.8)$$

が成り立つことが証明できる．べき級数は収束半径内で一様収束するから，このことは，項別積分

$$\int_C \sum_{n=0}^{\infty} c_n z^n dz = \sum_{n=0}^{\infty} \int_C c_n z^n dz \qquad (3.8')$$

が可能であることを意味する．

3.2 コーシーの積分定理

複素積分には，コーシーの積分定理という偉大な定理が成立する．この定理のおかげで複素関数論が非常に豊かな内容を持つことになっている．

定理 $f(z)$ が単連結(つまり穴のない)領域で正則ならば，その領域内の任意の閉曲線 C に対して

$$\int_C f(z)dz = 0 \qquad (3.9)$$

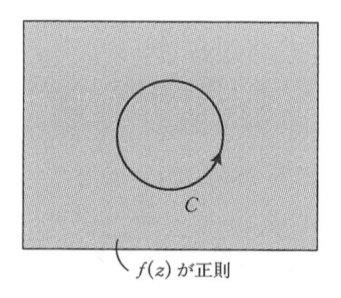

図3.6 コーシーの積分定理

が成立する (図 3.6).

　分岐線がある場合には，積分路は分岐点を避けてリーマン面上 (1.4 節) をとればよい．

　まず，数学的な論理の筋道から離れて，この定理の意味の直観的な説明を試みてみよう．もし関数が正則ならば，領域内で特異性を持たない不定積分を作ることができる．さらに積分路が閉曲線であるということは積分の上限と下限が一致しているということだから，不定積分を用いた結果，積分値は 0 になるといえる．

　これに対して領域内で特異点を持つ場合には，上の定理は成り立たない．つまり $\int_C f(z)dz$ は 0 であるとは限らない．この場合，積分路と特異点との位置関係によって積分値が異なってしまう (3.1 節の例 2 を参照) ために，不定積分が定義できないのである．ただし領域をうまく選んで特異点をはずしたものを考えれば定理が適用できるので，コーシーの積分定理からさまざまなことが導き出される．複素関数論はコーシーの積分定理につきるといっても過言ではない．

　ここでは，$u(x,y)$ と $v(x,y)$ の偏微分が連続であるという仮定をおいて，コーシーの積分定理を証明しておく[*2]．複素積分を $u(x,y)$, $v(x,y)$ に対する線積分の形に書き換えると

$$\int_C f(z)dz = \int_C (u+iv)d(x+iy)$$
$$= \int_C (udx - vdy) + i\int_C (udy + vdx) \qquad (3.10)$$

と表される．ここでグリーンの定理 (またはストークス (Stokes) の定理の 2 次元版) を適用すると，線積分は閉曲線 C で囲まれた面 A の面積分に置き換えることができ，

[*2] コーシーの積分定理の条件は $f(z)$ が正則であるということだけであるから，$u(x,y)$, $v(x,y)$ の偏微分が連続であるかどうかは保障されていない．数学的には以下のような証明の流れになっている．
① まず $f(z)$ が正則であるという条件だけを用いてコーシーの積分定理を証明する (難)．
② コーシーの積分定理からコーシーの積分公式 (4.1 節) が得られる．
③ コーシーの積分公式から $f'(z)$ が連続関数であることが示される．(グルサの定理)．したがって $u(x,y)$, $v(x,y)$ の偏微分は連続である．
④ さらに $f'(z)$ も正則であることが証明される．これをくり返せば $f''(z)$ も存在し連続であることがわかる．

$$\int_C f(z)dz = \iint_A \left(-\frac{\partial v}{\partial x} - \frac{\partial u}{\partial y}\right)dxdy + i\iint_A \left(\frac{\partial u}{\partial x} - \frac{\partial v}{\partial y}\right)dxdy \quad (3.11)$$

と書ける．一方，関数 $f(z)$ は面 A 内で正則だから，コーシー–リーマンの関係式が成立する．(3.11)式右辺の被積分関数は，まさにコーシー–リーマンの関係式にほかならないので積分値は 0 である（証明終り）．

もしも領域内に1点でも特異点があると定理は成立しない．たとえば $f(z)=1/(z-a)$ は $z=a$ 以外では正則である．C として a を中心とする半径 r の円周を考えると，$z=a+re^{i\theta}$ $(0\leq\theta\leq 2\pi)$ と表されるので

$$\int_C f(z)dz = \int_0^{2\pi} \frac{1}{re^{i\theta}} ire^{i\theta} d\theta = 2\pi i \quad (3.12)$$

となる．このように積分値は 0 とならない．これは C の内部の点 $z=a$ において $f(z)$ が正則でないからである．同様に $f(z)=1/(z-a)^n$ について調べてみよ（演習問題 3.2）．

コーシーの積分定理から，さまざまな有用な定理，公式が導き出される．

まず $f(z)$ が単連結の領域で正則である場合，複素積分の始点と終点を固定しておけば，途中の積分路を図 3.7 のように領域内でどのように変形させても積分値は変わらないことがわかる．たとえば図 3.7(a) の C_1 と C_2 を考えてみる．C_1 に沿って積分したのち，C_2 を逆にたどって始点 A に戻るという積分路を考えると，これは閉曲線になるから，コーシーの積分定理を用いて

$$\int_{C_1} f(z)dz + \int_{C_2\text{の逆コース}} f(z)dz = 0$$

となる．左辺第2項は4.1節で説明した複素積分の性質を用いると $-\int_{C_2} f(z)dz$ に等しいから，結局

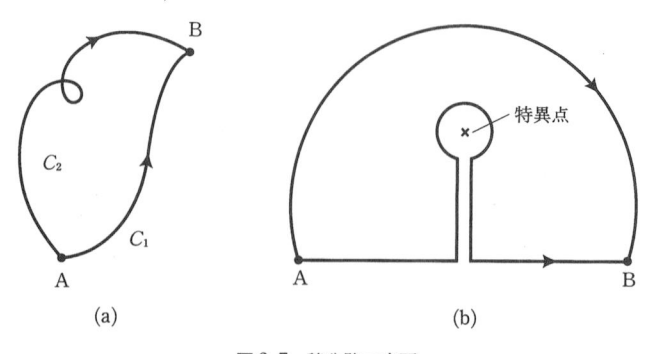

図 3.7　積分路の変更

$$\int_{C_1} f(z)dz = \int_{C_2} f(z)dz \tag{3.13}$$

が成立する．付近に特異点があるときは図3.7(b)のように特異点を避けて正則な領域内で積分路を変更することができる．

この性質を用いると不定積分を作ることができる．$f(z)$ がある領域で正則ならば，その領域内の積分

$$F(z) = \int_{z_0}^{z} f(z)dz \tag{3.14}$$

は積分路に依存しない．したがって一価関数 $F(z)$ が定義できて

$$\frac{dF}{dz} = f(z) \tag{3.15}$$

が成立する（$F(z)$ は正則である）．領域内の 2 点 a, b を結ぶ積分値は

$$\int_a^b f(z)dz = F(b) - F(a) \tag{3.16}$$

となり，実数のときと同じ形に書き表すことができる．

この不定積分は，$f(z)$ が単純な関数の場合には直ちにわかる．たとえば $f(z) = z^2$ の場合は複素平面全体で正則であるから，不定積分を作ることができて $F(z) = z^3/3$ である（$z_0 = 0$ とした）．これは 3.1 節の例 1 で見たとおりである．

積分値が途中の経路によらず，そのために不定積分が定義できるという性質は，力学における線積分によるポテンシャルの定義や，熱力学における全微分可能な内部エネルギーの性質と同じものである．

次に閉曲線 C の内部に特異点がある場合を考えてみよう．この場合は前に述べたようにコーシーの定理が成り立たず，不定積分も定義できない．しかしこの場合にも，積分路を工夫してコーシーの定理を利用することができる．た

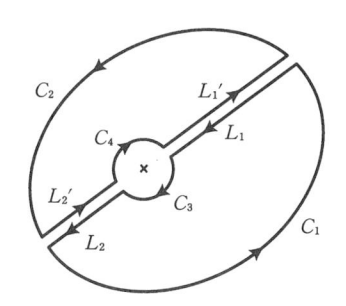

図 3.8 特異点がある場合に特異点を避けた積分路

とえば図3.8のように特異点を避けた2つの積分路を考えてみればよい．2つの閉曲線の内部で関数が正則ならばコーシーの定理が適用できるから

$$\int_{C_1} f(z)dz + \int_{L_1} f(z)dz + \int_{C_3} f(z)dz + \int_{L_2} f(z)dz = 0$$

$$\int_{C_2} f(z)dz + \int_{L_2'} f(z)dz + \int_{C_4} f(z)dz + \int_{L_1'} f(z)dz = 0$$

が成立する．L_1'に沿っての積分はL_1に沿っての積分のちょうど逆向きだから $\int_{L_1'} f(z)dz = -\int_{L_1} f(z)dz$ である．また L_2' と L_2 に対しても同様である．したがって上式を加え合わせると

$$\int_{C_1} f(z)dz + \int_{C_2} f(z)dz + \int_{C_3} f(z)dz + \int_{C_4} f(z)dz = 0$$

となる．ここで図3.8の状況を，図3.9(a)と比較して考えてみよう．左辺第1項と第2項を合わせたものは図3.9(a)の外側を1周する閉曲線Cに沿った積分$\int_C f(z)dz$と等しく，第3項と第4項は内側の閉曲線C'（反時計回り）を逆にまわったものに等しいから $-\int_{C'} f(z)dz$ である．結局

$$\int_C f(z)dz = \int_{C'} f(z)dz \tag{3.17}$$

が成立する．

　この(3.17)式は正則な領域内での積分路の変更という観点でとらえてもよい．図3.9(a)のアミ掛けの部分において$f(z)$が正則なので，積分路をCからC'へ連続的に縮めていっても積分値は変化しないと理解できる．特異点が複数個ある場合には図3.9(b)のように考えればよい．外側を1周する積分路Cを連続的に縮めていくとC_1～C_4で示されるような特異点のまわりに孤立した積分路の和になる．つまり

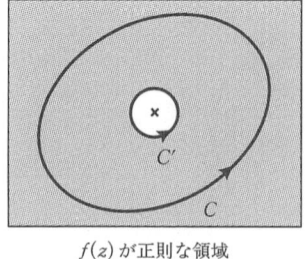

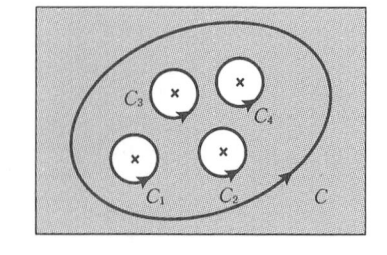

図3.9　特異点がある場合の積分路の変更

$$\int_C f(z)dz = \int_{C_1} f(z)dz + \int_{C_2} f(z)dz + \int_{C_3} f(z)dz + \int_{C_4} f(z)dz \qquad (3.18)$$

が成立する．

　特異点を囲む積分 C_1 などは特異点ギリギリのところまで縮めてもよい．このように積分路を変更しておけば次節で見るように積分値が容易に得られるのである．

3.3　留　　数

　3.2節で述べた積分路の変更は，各種の複素積分や実関数の定積分を計算するときに大変有効である．まず，1つの特異点 $z=a$ を囲んで1周する積分路 C（反時計回りとする）を考えよう．この積分を

$$\int_C f(z)dz = 2\pi i R \qquad (3.19)$$

とおいて，R を $z=a$ における留数と呼ぶ．ここで因子 $2\pi i$ はあとの都合でつけてある．書き直すと留数 R は

$$R = \frac{1}{2\pi i} \int_C f(z)dz \qquad (3.20)$$

　3.2節で述べたように，積分値は特異点を囲んでいる限り変わらないから，計算しやすいように積分路を変えてよい．たとえば特異点のごく近傍を1周する円を考えればよい（図3.9）．まず最も簡単な特異点を持つ関数

$$f(z) = \frac{b}{z-a} \qquad (3.21)$$

を考えてみよう．$z=a$ のまわりを1周する積分路は偏角 θ をパラメータとして

$$z(\theta) = a + re^{i\theta} \qquad (0 \leq \theta \leq 2\pi) \qquad (3.22)$$

とおけばよいから，$dz/d\theta = ire^{i\theta}$ を用いて

$$\int_C f(z)dz = \int_0^{2\pi} \frac{b}{z-a} ire^{i\theta} = ib\int_0^{2\pi} d\theta = 2\pi ib \qquad (3.23)$$

と求まる．つまり留数 R は $(z-a)^{-1}$ の係数 b に他ならないことがわかる．

　一般の関数の場合には，

$$\lim_{z \to a} (z-a)f(z) = b \qquad (3.24)$$

という極限値が存在すれば留数 R はこの極限値であることを示すことができ

る（さらに一般的な場合は 4.2 節で明らかになる）．実際に $z=a+re^{i\theta}$ とおくと，(3.24) 式は

$$\lim_{r\to 0} re^{i\theta}f(a+re^{i\theta})=b$$

であることを意味する．一方積分は，

$$\int_C f(z)dz=\int_0^{2\pi} f(a+re^{i\theta})ire^{i\theta}d\theta$$

であるから，r が非常に 0 に近いとき，右辺の被積分関数は ib と近似できる．したがって

$$\int_C f(z)dz=\int_0^{2\pi} ibd\theta=2\pi ib$$

が得られる．すなわち b が留数である．

(3.24) 式の極限が存在する特異点を特に 1 位の極 (pole) という．たとえば関数

$$\frac{1}{z(z-2)}$$

には $z=0$ と $z=2$ に 1 位の極がある．また

$$\frac{1}{z^2+1}$$

には $z=\pm i$ に 1 位の極がある．

特異点が複数個ある場合については，図 3.9(b) のような積分路の変更を考えると，

$$\begin{aligned}\int_C f(z)dz&=\int_{C_1}f(z)dz+\int_{C_2}f(z)dz+\cdots\\&=2\pi i(R_1+R_2+\cdots)\\&=2\pi i\times(\text{留数の和})\end{aligned} \quad (3.25)$$

となる．この節では少し具体的な例で計算を実行して，留数がいかに便利かを見ることにする．

例 1

$$\int_{C:|z|=1}\frac{dz}{z(z-2)}$$

積分路の内部には，$z=0$ の 1 位の極がある（図 3.10）．極限

$$\lim_{z\to 0}\frac{z}{z(z-2)}=-\frac{1}{2}$$

が存在するので留数は $-1/2$．したがって積分値は $-\pi i$．

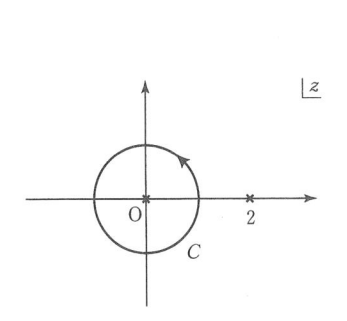

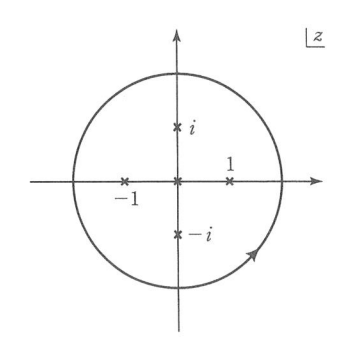

図 3.10 積分路内部の 1 位の極 ($z=0$)　　　**図 3.11** 4 か所の特異点

例 2
$$\int_{C:|z|=100} \frac{dz}{z(z-2)}$$

積分路は別に $|z|=100$ の円周でなくてもよいが，いずれにせよ $z=0$ と $z=2$ の 2 つの極があるから両方の留数の和になる．$z=2$ の留数は

$$\lim_{z \to 2} \frac{z-2}{z(z-2)} = \frac{1}{2}$$

だから，積分値は $2\pi i(-1/2+1/2)=0$．

例 3
$$\int_{C:|z|=2} \frac{dz}{z^4-1}$$

分母を因数分解すれば $(z^2+1)(z^2-1)=(z+1)(z-1)(z+i)(z-i)$ だから，図 3.11 のように $z=1, -1, i, -i$ の 4 か所に特異点 (1 位の極) がある．留数はそれぞれ $1/4, -1/4, i/4, -i/4$ なので，留数の合計は 0．

実際に例 3 の積分を留数を用いないで行おうとすると大変である．たとえば $z=2e^{i\theta}$ ($0 \leq \theta \leq 2\pi$) とおくと積分は

$$\int_0^{2\pi} \frac{1}{16e^{4i\theta}-1} 2ie^{i\theta} d\theta$$

であるが，この定積分を求めるのは相当の腕力かうまい工夫が必要である．

3.4　定積分への応用

3.3 節の例は複素積分であったが，留数の方法は実関数の定積分で威力を発揮する．この節の後半では初等的な方法では得ることができない定積分の例も紹介するが，まずは簡単な場合から示す．

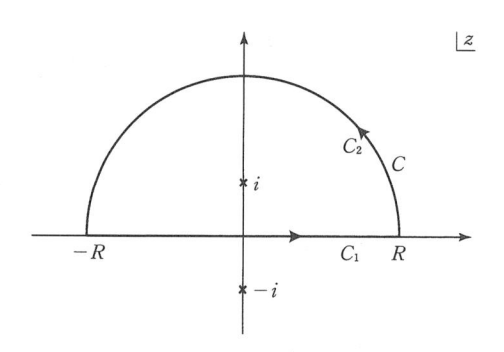

図 3.12 積分路 C の一例

例 1
$$\int_{-\infty}^{\infty}\frac{dx}{x^2+1}=\pi \tag{3.26}$$

この積分は $x=\tan\theta\,(-\pi/2\leqq\theta\leqq\pi/2)$ の変換ですぐ求まるが，留数を用いて計算してみよう．このような定積分を求めたいときには，x を複素数 z に拡張した

$$\int_C \frac{dz}{z^2+1} \tag{3.26'}$$

を考えるとよい．積方路 C の選び方は問題によって工夫して選ばなければならないが，図 3.12 のような積分路 C が典型的なものである．閉曲線 C を C_1 と C_2 に分割すると，C_1 に沿って z は実数なので，複素積分の定義から，

$$\int_{C_1}\frac{dz}{z^2+1}=\int_{-R}^{R}\frac{dx}{x^2+1}$$

という実関数の定積分と同じである（R はあとで ∞ にする）．一方 C_2 に沿っての積分は $z=Re^{i\theta}\,(0\leqq\theta\leqq\pi)$ とすればよいから

$$\int_{C_2}\frac{dz}{z^2+1}=\int_0^{\pi}\frac{1}{R^2e^{2i\theta}+1}iRe^{i\theta}d\theta$$

この積分は難しそうであるが，具体的に求める必要はない．R が十分大きいと，分母は近似的に $R^2e^{2i\theta}$ となるから，

$$\int_0^{\pi}\frac{i}{Re^{i\theta}}d\theta=\frac{2}{R}$$

となり，$R\to\infty$ で十分小さくなるので無視してよい（数学的に厳密に行うには少し準備が必要であるが，ここではこれで十分である）．結局 R が十分大きいとき

$$\int_C \frac{dz}{z^2+1} = \int_{-\infty}^{\infty} \frac{dx}{x^2+1} \tag{3.27}$$

という関係がわかる．最後に左辺を留数を用いて求めればよい．$1/(z^2+1)$ の特異点は $z=\pm i$ の2点であるが，図 3.12 のように C の内部には $z=i$ の特異点しかない．留数は

$$\lim_{z \to i} \frac{z-i}{z^2+1} = \lim_{z \to i} \frac{1}{z+i} = \frac{1}{2i}$$

であるから，(3.27) 式の左辺は π となる．

例2
$$\int_{-\infty}^{\infty} \frac{dx}{x^4+1} = \frac{\sqrt{2}}{2}\pi$$

例1と同様の議論をすると，図 3.12 と同じ積分路 C を用いて

$$\int_C \frac{dz}{z^4+1} = \int_{-\infty}^{\infty} \frac{dx}{x^4+1} \tag{3.28}$$

となる．したがって計算に必要なのは，左辺の特異点の位置とそれに対応する留数である．

特異点は $z^4=-1$ の解であるから，1.3節で述べたように $z=e^{(1/4)\pi i}, e^{(3/4)\pi i}, e^{(5/4)\pi i}, e^{(7/4)\pi i}$ の4つある．C の内部に含まれるのはこのうち $e^{(1/4)\pi i}$ と $e^{(3/4)\pi i}$ の2つであるから，留数を求めると

$$\lim_{z \to e^{(i/4)\pi}} \frac{z - e^{(i/4)\pi}}{z^4+1} = \lim_{z \to e^{(i/4)\pi}} \frac{1}{(z-e^{(3/4)\pi i})(z-e^{(5/4)\pi i})(z-e^{(7/4)\pi i})}$$

$$= -\frac{\sqrt{2}}{8}(1+i)$$

$$\lim_{z \to e^{(3i/4)\pi}} \frac{z - e^{(3i/4)\pi}}{z^4+1} = \frac{\sqrt{2}}{8}(1-i)$$

したがって，

$$\int_{-\infty}^{\infty} \frac{dx}{x^4+1} = 2\pi i \left(-\frac{\sqrt{2}}{8}(1+i) + \frac{\sqrt{2}}{8}(1-i) \right) = \frac{\sqrt{2}}{2}\pi \tag{3.29}$$

例3 次に一見しただけでは複素積分と無関係に見えるような定積分

$$\int_0^{2\pi} \frac{d\theta}{a+\cos\theta} \quad (a \text{ は実数で，} a>1) \tag{3.30}$$

も留数を用いると比較的簡単に計算することができる．

この場合は $\cos\theta = (1/2)(e^{i\theta}+e^{-i\theta})$ という関係を用い，さらに $|z|=1$ の単位円上の複素積分が $z=e^{i\theta}$ ($0 \leq \theta \leq 2\pi$) というパラメータで表されることを用いるとよい．$dz/d\theta = ie^{i\theta} = iz$ であるから，(3.30) 式は

$$\int_0^{2\pi}\frac{d\theta}{a+(1/2)(e^{i\theta}+e^{-i\theta})}=\int_{C:|z|=1}\frac{1}{a+(1/2)(z+z^{-1})}\frac{dz}{iz} \qquad (3.31)$$

とすればよいことがわかる．このように複素積分に持ちこめば，あとは留数で積分値を求めることができる．(3.31) 式を整理すると，

$$\int_{C:|z|=1}\frac{2}{i(z^2+2az+1)}dz$$

となる．特異点は，分母が 0 となる点つまり

$$z=-a\pm\sqrt{a^2-1}$$

の位置にある．$a>1$ だから，$-a+\sqrt{a^2-1}$ は積分路 C の内側にあり，$-a-\sqrt{a^2-1}$ は外側にあることがわかる．積分値は C の内側の特異点の留数から決まる留数は

$$\lim_{z\to -a+\sqrt{a^2-1}}\frac{2(z+a-\sqrt{a^2-1})}{i(z^2+2az+1)}=\lim_{z\to -a+\sqrt{a^2-1}}\frac{2}{i(z+a+\sqrt{a^2-1})}$$
$$=\frac{1}{i\sqrt{a^2-1}}$$

であるから，最終的に積分値は

$$\int_0^{2\pi}\frac{d\theta}{a+\cos\theta}=\frac{2\pi}{\sqrt{a^2-1}} \qquad (3.32)$$

を得る．

例 4
$$\int_0^\infty\frac{\sin x}{x}dx=\frac{\pi}{2} \qquad (3.33)$$

という公式を複素積分を用いて導き出してみよう．

このために $f(z)=e^{iz}/z$ という関数を考え，図 3.13 の積分路に沿って積分してみよう．e^{iz} は収束半径 ∞ なので，積分路の内部には特異点がなく，

$$\int_C f(z)dz=\int_C\frac{e^{iz}}{z}dz=0$$

が成立する．積分路 C を $C_1\sim C_4$ に分割し，おのおのを個別に積分してみると C_1 と C_3 は明らかに，

$$C_1:\quad \int_\varepsilon^R\frac{e^{ix}}{x}dx,\qquad C_3:\quad \int_{-R}^{-\varepsilon}\frac{e^{ix}}{x}dx=-\int_\varepsilon^R\frac{e^{-ix}}{x}dx$$

であることがわかるので，C_1 の部分と C_3 の部分の寄与の合計が

$$C_1+C_3:\quad \int_\varepsilon^R\frac{2i\sin x}{x}dx$$

となり，求める積分に近いものとなる（あとで $\varepsilon\to 0,\ R\to\infty$ とする）．残り

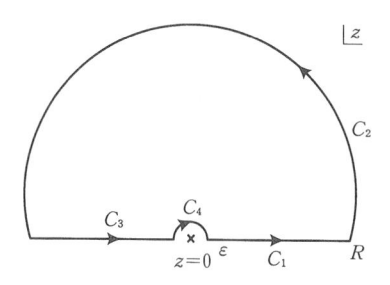

図 3.13 $f(z)=e^{iz}/z$ の積分路

の部分は，C_2 については $z=Re^{i\theta}$ とおくと，
$$\int_0^\pi \frac{e^{iRe^{i\theta}}}{Re^{i\theta}}iRe^{i\theta}d\theta = i\int_0^\pi e^{iR(\cos\theta+i\sin\theta)}d\theta$$
であるが，これは $R\to\infty$ で0に近づくことが以下のようにしてわかる．絶対値をとると，
$$\left|i\int_0^\pi e^{iR(\cos\theta+i\sin\theta)}d\theta\right| \leqq \int_0^\pi |e^{iR(\cos\theta+i\sin\theta)}|d\theta$$
$$= \int_0^\pi e^{-R\sin\theta}d\theta$$
$$= 2\int_0^{\pi/2} e^{-R\sin\theta}d\theta$$
$$\leqq 2\int_0^{\pi/2} e^{-R(2/\pi)\theta}d\theta$$
$$= \frac{\pi}{R}(1-e^{-R}) \xrightarrow[R\to\infty]{} 0$$

また C_4 については，$z=\varepsilon e^{i\theta}$ とおくと
$$\int_\pi^0 \frac{e^{i\varepsilon e^{i\theta}}}{\varepsilon e^{i\theta}}i\varepsilon e^{i\theta}d\theta = -i\int_0^\pi e^{i\varepsilon e^{i\theta}}d\theta$$
$$\xrightarrow[\varepsilon\to 0]{} -i\int_0^\pi d\theta = -i\pi$$

であることがわかる．以上すべて $C_1\sim C_4$ を合計したものが0になるのであるから，$\varepsilon\to 0$, $R\to\infty$ の極限で
$$\int_0^\infty \frac{2i\sin x}{x}dx - i\pi = 0$$
したがって，(3.33)式が得られる．

この例のように，複素積分を応用した計算では，C_2 のような大きな半径の

積分路に沿った積分値がしばしば重要になる．このような積分値は0になることが多いのだが，一般には次のことが証明されている．

$\operatorname{Im} z \geqq 0$ という上半面で $f(z)$ が一様に0に近づく場合，

$$\int_{C_2(\text{半径}R)} e^{iaz} f(z) \xrightarrow[R\to\infty]{} 0 \qquad (a>0) \tag{3.34}$$

が成立する（ジョルダン (Jordan) の補助定理）．

例5 フレネル (Fresnel) 積分

$$\int_0^\infty \sin x^2 dx = \int_0^\infty \cos x^2 dx = \frac{1}{2}\sqrt{\frac{\pi}{2}} \tag{3.35}$$

を導出しよう．初等的な積分で，

$$\int_0^\infty e^{-x^2} dx = \frac{\sqrt{\pi}}{2} \qquad (\text{ガウス (Gauss) 積分})$$

がわかっているので，このことと，$\cos x^2 + i \sin x^2 = e^{ix^2}$ であることを用いて例4と同様の方法を用いてみよう．今度は $f(z) = e^{-z^2}$ として，図3.14のような積分路に沿って積分する．e^{-z^2} は z 平面すべてにおいて正則なので，一周積分は0である．例4と同じように $C_1 \sim C_3$ についておのおの積分すると，

① C_1: $\displaystyle\int_0^R e^{-x^2} dx \xrightarrow[R\to\infty]{} \int_0^\infty e^{-x^2} dx = \frac{\sqrt{\pi}}{2}$

② C_2 については例4とほぼ同様に $R \to \infty$ で0に近づくことが示される．

③ C_3 については $z = re^{(1/4)\pi i}$ $(0 \leqq r \leqq R)$ とおけば

$$-\int_0^R e^{-r^2 \exp(1/2)\pi i} e^{(1/4)\pi i} dr = -e^{(1/4)\pi i} \int_0^R e^{-ir^2} dr$$
$$= -\left(\frac{\sqrt{2}}{2} + i\frac{\sqrt{2}}{2}\right) \int_0^R (\cos r^2 - i \sin r^2) dr$$

$C_1 \sim C_3$ の合計が0になるのであるから，$R \to \infty$ の極限で

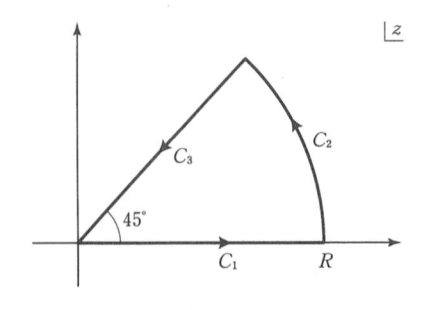

図3.14　$f(z) = e^{-z^2}$ の積分路

$$\frac{\sqrt{\pi}}{2} - \left(\frac{\sqrt{2}}{2} + i\frac{\sqrt{2}}{2}\right)\int_0^\infty (\cos x^2 - i\sin x^2)dx = 0$$

この式を整理して，実部と虚部に分けて調べると (3.35) 式が得られる．

演習問題

3.1 図 3.3 の積分路 C_1 と C_2 を用いて $f(z)=z^n$ を積分せよ．

3.2 $f(z)=1/(z-a)^n$ を a を中心とする半径 r の円周上に沿って積分せよ．

3.3 例 3 を参考に

$$\int_0^{2\pi} \frac{\cos n\theta}{1-2a\cos\theta+a^2}d\theta = \frac{2\pi a^n}{1-a^2} \quad (-1<a<1,\ n\text{ は正の整数})$$

を示せ．

3.4 正則関数 $f(z)$ が $z=a$ で 0 であり，$f'(a)\neq 0$ とする（1 次の零点という），このとき $1/f(z)$ は $z=a$ で特異点を持ち，留数が $1/f'(a)$ であることを示せ．

3.5 次の積分値を求めよ．ただし積分路 C は $z=0$ を中心とした半径 r の円周上を正の向きにまわるものとする．

(i) $\int_C \frac{z}{z^2-3z+2}dz,$ (ii) $\int_C \frac{dz}{z^3+z}$

3.6 次の定積分の値を求めよ．a,b は実数とする．

(i) $\int_{-\infty}^\infty \frac{dx}{x^4+a^4},$ (ii) $\int_0^\infty \frac{\cos ax}{x^2+b^2}dx,$ (iii) $\int_0^\infty \frac{x\sin ax}{x^2+b^2}dx$

(iv) $\int_0^\infty \frac{\log x}{x^2+1}dx$ （上半面の半円をまわる積分路を考えよ）

(v) $\int_0^\infty \frac{(\log x)^2}{x^2+1}dx,$ (vi) $\int_0^1 \frac{(\log x)^2}{x^2+1}dx$

(vii) $\int_0^\infty \frac{\sin x}{\sqrt{x}}dx = \int_0^\infty \frac{\cos x}{\sqrt{x}}dx$

3.7 図 3.15 のような積分路に沿った複素積分を用いて

$$\int_0^\infty \frac{x^2}{\cosh x}dx$$

を求めよ．

3.8 前問を参考に次の定積分を求めよ．a,b は実数とする．

(i) $\int_0^\infty \frac{\cos bx}{\cosh x+\cosh a}dx,$ (ii) $\int_0^\infty \frac{\sin ax}{\sinh \pi x}dx$

3.9 図 3.16 の積分路に沿った積分 $\int_C z^{-a}/(1+z)dz$ を用いて

$$\int_0^\infty \frac{x^{-a}}{1+x}dx = \frac{\pi}{\sin a\pi} \quad (0<a<1)$$

図 3.15　　　　　　　　図 3.16

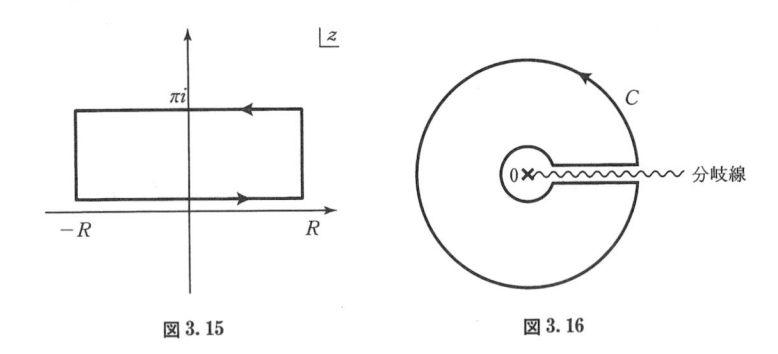

を示せ ($z^a = e^{a \log z}$ が定義である．1.5 節参照)．

3.10 前問と同様にして次の積分を求めよ ((ii) は $x^{2a} = t$ とおくとわかりやすい)．

(i) $\displaystyle\int_0^\infty \frac{x^{t-1}}{x + e^{ia}} dx$ 　　(a は実数, $0 < t < 1$)

(ii) $\displaystyle\int_0^\infty \frac{x^{2b}}{x^{2a}+1} dx$ 　　$\left(-\dfrac{1}{2} < b < a - \dfrac{1}{2}\right)$

4 コーシーの積分定理の応用

4.1 コーシーの積分公式とテイラー展開

 前章ではコーシーの積分定理から出発して，留数を用いた定積分の計算という応用へ進んだ．この章では，コーシーの積分定理から出発して解析関数の一般的な性質を調べることにする．まずコーシーの積分公式を示す．

定理 $f(x)$ が閉曲線 C の周上および内部で正則ならば，C の内部の点 $z=a$ における関数の値は

$$f(a)=\frac{1}{2\pi i}\int_C \frac{f(z)}{z-a}dz \quad \text{（コーシーの積分公式）} \tag{4.1}$$

で与えられる（以下ことわらない限り，積分路 C は反時計回りにとっているとする）．

 なぜなら，被積分関数 $f(z)/(z-a)$ は $z=a$ のところだけが特異点であるから，(4.1) 式右辺の積分値は $z=a$ における留数で与えられる．留数は

$$\lim_{z\to a}(z-a)\frac{f(z)}{z-a}=f(a) \tag{4.2}$$

なので，(4.1) 式が成立する．

 この積分公式は $f(z)$ の値が，それを囲む閉曲線 C 上の値のみから完全に決まってしまうことを意味している．これは一種の境界値問題であるといえる．第2章で調べたように，正則関数には微分係数の値が極限をとる方向によらない（したがってコーシー–リーマンの関係式が成り立つ）といった強い制限が課せられているために，このような特別なことが起こるのである．

 次にコーシーの積分公式から，正則関数がテイラー展開できることが示される．(4.1) 式の変数を書き換えて

$$f(z)=\frac{1}{2\pi i}\int_C \frac{f(\zeta)}{\zeta-z}d\zeta \tag{4.3}$$

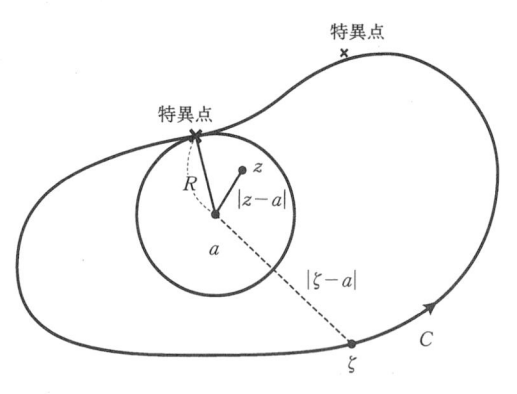

図 4.1 正則関数のテイラー展開のための積分路と収束半径

とする．$f(z)$ の $z=a$ のまわりでのテイラー展開とは，$f(z)$ を $(z-a)$ のべき乗の級数で展開することである．

まず (4.3) 式の被積分関数の分母を

$$\frac{1}{\zeta-z} = \frac{1}{(\zeta-a)-(z-a)} = \frac{1}{\zeta-a} \frac{1}{1-(z-a)/(\zeta-a)}$$
$$= \frac{1}{\zeta-a} \sum_{n=0}^{\infty} \left(\frac{z-a}{\zeta-a}\right)^n = \sum_{n=0}^{\infty} \frac{(z-a)^n}{(\zeta-a)^{n+1}} \tag{4.4}$$

と無限級数に書き直す．第1章で述べたように，無限級数は収束半径内で収束するので級数 (4.4) は，

$$\left|\frac{z-a}{\zeta-a}\right| = \frac{|z-a|}{|\zeta-a|} < 1 \tag{4.5}$$

が成立する領域で収束する．積分路 C が図 4.1 のような場合，(4.5) 式が常に成立するためには，z が半径 R の円の内部にあればよい．以下この場合を考える．このとき，無限級数 (4.4) は収束半径内で一様収束する (1.5 節参照)．一様収束する級数は性質のよいものであり，積分と級数の和の順序を入れ替えてもよい ((3.8) 式)．したがって (4.3) 式は

$$f(z) = \frac{1}{2\pi i} \sum_{n=0}^{\infty} \int_C f(\zeta) \frac{(z-a)^n}{(\zeta-a)^{n+1}} d\zeta \tag{4.6}$$

と書き換えられる．ここで，

$$c_n = \frac{1}{2\pi i} \int_C \frac{f(\zeta)}{(\zeta-a)^{n+1}} d\zeta \tag{4.7}$$

とおくと，$f(z)$ のテイラー展開，

$$f(z)=\sum_{n=0}^{\infty} c_n(z-a)^n \tag{4.8}$$

が得られる.

(4.7) 式の積分路 C は正則な領域ギリギリ一杯のところまで広げておけばよい. したがって, 図 4.1 からわかるように, テイラー展開の収束半径 R の最大値は, a から最寄りの特異点までの距離ということになる.

2.1 節で述べたようにべき級数は収束半径内では微分可能である. さらに導関数もべき級数であるから, これもまた微分可能である. これをくり返し用いると, 正則な関数は何回でも微分可能であることがわかる (グルサ (Goursat) の定理). これに対して実数関数の場合には, 何階まで微分が可能であるかということに関する一般的な規則は存在しない. 複素関数が正則であるということは, このように非常にシンプルで素直な性質を持つことがわかる. これは 2.1 節で強調したように複素関数の微分可能性が非常に強い制約となっているからである.

ここで実数関数のテイラー展開と (4.7), (4.8) 式を比較しておくことは有用であろう. 実数関数 $f(x)$ のテイラー展開の係数は $(1/n!)f^{(n)}(a)$ というように n 階微分係数を用いて表すことができた. 実は (4.8) 式の展開係数 c_n もまったく同じように

$$c_n=\frac{1}{n!}f^{(n)}(a) \tag{4.9}$$

と表される. 実際, (4.8) 式の級数は収束半径内で項別微分してよいので (2.1 節参照) $f(z)$ を k 階微分すると

$$f^{(k)}(z)=\sum_{n=k}^{\infty} n(n-1)(n-2)\cdots(n-k+1)c_n(z-a)^{n-k} \tag{4.10}$$

となる. これに $z=a$ を代入すると, 無限級数のうち $n=k$ の項だけが残り, 他は 0 となるので

$$f^{(k)}(a)=k!\,c_k$$

ゆえに

$$c_k=\frac{1}{k!}f^{(k)}(a)$$

が得られる. これはとりもなおさず (4.9) 式である.

(4.9) 式を別な形に表すと

$$f^{(n)}(a) = n! c_n$$
$$= \frac{n!}{2\pi i} \int_C \frac{f(\zeta)}{(\zeta-a)^{n+1}} d\zeta \qquad (4.11)$$
$$= \frac{n!}{2\pi i} \int_C \frac{f(z)}{(z-a)^{n+1}} dz$$

となるが，これはコーシーの積分公式 (4.1) を微分係数 $f^{(n)}(a)$ に拡張したものである．

最後に (4.11) 式を別な方法で導いておこう．複素関数 $f(z)$ は (4.3) 式のように積分で表示できるから，微分の定義に従って計算すると，

$$\begin{aligned}
f'(z) &= \lim_{h \to 0} \frac{1}{h}(f(z+h) - f(z)) \\
&= \lim_{h \to 0} \frac{1}{2\pi i} \int_C \frac{1}{h}\left(\frac{f(\zeta)}{\zeta-z-h} - \frac{f(\zeta)}{\zeta-z}\right) d\zeta \\
&= \lim_{h \to 0} \frac{1}{2\pi i} \int_C \frac{f(\zeta)}{(\zeta-z-h)(\zeta-z)} d\zeta \\
&= \frac{1}{2\pi i} \int_C \frac{f(\zeta)}{(\zeta-z)^2} d\zeta
\end{aligned} \qquad (4.12)$$

である．この微分計算は，単に被積分関数

$$\frac{f(\zeta)}{\zeta-z}$$

を形式的に z で微分 (偏微分) したものと同じである．同様に z で n 階微分していけば

$$f^{(n)}(z) = \frac{n!}{2\pi i} \int_C \frac{f(\zeta)}{(\zeta-z)^{n+1}} d\zeta$$

は明らかである．$z=a$ とおけば (4.11) 式となる．

4.2 ローラン展開

前節は，正則な関数のべき級数展開であったが，次に特異点を持った関数を無限べき級数で展開することを考えよう．この場合は $(z-a)^n$ ばかりでなく $(z-a)^{-n}$ という項も級数に現れる．このようなべき級数展開をローラン (Laurant) 展開と呼ぶ．ローラン展開によって $z=a$ が特異点であるような関数を表現できる．

具体的に無限級数の形を得るにはコーシーの積分公式 (4.1) を用いる．ただ

4.2 ローラン展開

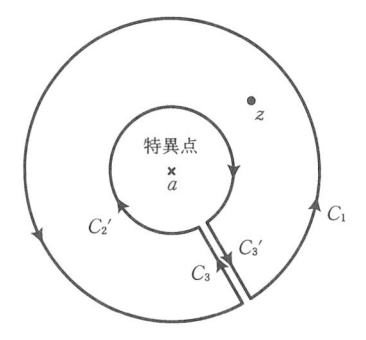

図 4.2 特異点がある関数のローラン展開のための積分路

し今の場合積分路 C としては,図 4.2 のように特異点を避けたものをとる.図のように $C_1+C_3+C_2'+C_3'$ を考えれば C の周上および内部で $f(z)$ は正則だから (4.1) 式が成り立つ.C_3 と C_3' に沿っての積分は打ち消すから,

$$f(z)=\frac{1}{2\pi i}\int_{C_1}\frac{f(\zeta)}{\zeta-z}d\zeta+\frac{1}{2\pi i}\int_{C_2'}\frac{f(\zeta)}{\zeta-z}d\zeta \tag{4.13}$$

と書ける.C_2' については逆回り(反時計回り)の積分路 C_2 を用いることにすると

$$f(z)=\frac{1}{2\pi i}\int_{C_1}\frac{f(\zeta)}{\zeta-z}d\zeta-\frac{1}{2\pi i}\int_{C_2}\frac{f(\zeta)}{\zeta-z}d\zeta \tag{4.14}$$

である.図 4.2 からわかるように積分路 C_1 上では $|\zeta-a|>|z-a|$ が必ず成立するから,$1/(\zeta-z)$ は (4.4) 式と同じ無限級数に書き表される.一方積分路 C_2 上では必ず $|\zeta-a|<|z-a|$ が成立するので $1/(\zeta-z)$ は

$$\begin{aligned}\frac{1}{\zeta-z}&=-\frac{1}{(z-a)-(\zeta-a)}=-\frac{1}{z-a}\cdot\frac{1}{1-(\zeta-a)/(z-a)}\\&=-\frac{1}{z-a}\sum_{n=0}^{\infty}\left(\frac{\zeta-a}{z-a}\right)^n=-\sum_{n=0}^{\infty}\frac{(\zeta-a)^n}{(z-a)^{n+1}}\end{aligned} \tag{4.15}$$

という展開が可能である.これらを合わせると,

$$f(z)=\sum_{n=0}^{\infty}\frac{1}{2\pi i}\int_{C_1}f(\zeta)\frac{(z-a)^n}{(\zeta-a)^{n+1}}d\zeta+\sum_{n=0}^{\infty}\frac{1}{2\pi i}\int_{C_2}f(\zeta)\frac{(\zeta-a)^n}{(z-a)^{n+1}}d\zeta \tag{4.16}$$

と書ける.右辺第 1 項はテイラー展開 (4.7) と同じだが,第 2 項は $1/(z-a)^{n+1}$ ($n\geqq0$) という項を持つべき級数である.これをローラン展開という.

ここで

$$c_{-n-1}=\frac{1}{2\pi i}\int_{C_2}f(\zeta)(\zeta-a)^n d\zeta \qquad (n=0,1,2,\cdots) \tag{4.17}$$

図 4.3 ローラン展開のための積分路

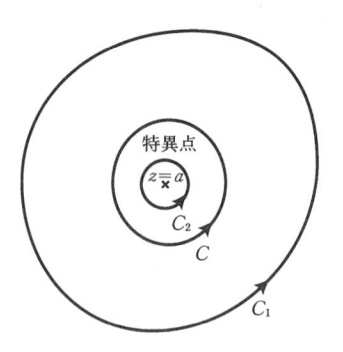

とおけば (4.16) 式は簡潔にまとめることができて

$$f(z) = \sum_{n=0}^{\infty} c_n (z-a)^n + \sum_{n=0}^{\infty} c_{-n-1} \frac{1}{(z-a)^{n+1}} \\ = \sum_{n=-\infty}^{\infty} c_n (z-a)^n \tag{4.18}$$

と表される．さらに被積分関数が正則な領域では積分路 C_1 や C_2 の形を変形しても C_n の値は変化しない．結局図 4.3 のように特異点 a を囲む適当な積分路 C を用いて一般に

$$c_n = \frac{1}{2\pi i} \int_C \frac{f(\zeta)}{(\zeta-a)^{n+1}} d\zeta \quad (n = 正負を含めた整数) \tag{4.19}$$

と表すことができる．

4.3 孤立特異点と留数

ローラン展開の結果から，複素関数の特異点を分類することができる．$f(z)$ が $0 < |z-a| < R$ の領域で正則である場合，図 4.3 のような積分路 C をとってローラン展開する．

もしローラン展開で $(z-a)^{-n}$ という負のべき乗の項が一切現れなかったとすると，$z=a$ は $f(z)$ の特異点ではない．特に級数の初項が $(z-a)^k$ のとき，つまり

$$f(z) = \sum_{n=k}^{\infty} c_n (z-a)^n \tag{4.20}$$

となっているとき，a は $f(z)$ の k 次の零点という．

逆に $(z-a)$ の負のべき乗の項が1つでもあれば，$z=a$ で $f(z)$ は発散する．負の最高のべきが

$$\frac{1}{(z-a)^k} \tag{4.21}$$

である場合，つまり

$$f(z)=\sum_{n=-k}^{\infty} c_n(z-a)^n \tag{4.22}$$

のとき，$z=a$ は $f(z)$ の k 位の極という．

さらに，$k=\infty$ のとき，つまりずっと大きなマイナスのべきの項がある場合，$z=a$ は $f(z)$ の真性特異点 (essential singularity) という．たとえば $e^{1/z}$ の展開は，

$$e^{1/z}=\exp\left(\frac{1}{z}\right)=\sum_{n=0}^{\infty}\frac{1}{n!}\left(\frac{1}{z}\right)^n=1+\frac{1}{z}+\frac{1}{2!}\frac{1}{z^2}+\frac{1}{3!}\frac{1}{z^3}+\cdots \tag{4.23}$$

であるから，$z=0$ は真性特異点である．この場合 $f(z)$ は $z=0$ で発散するだけではなく，値も不定である．実軸上正の方から $z=0$ に近づけば $e^{1/z} \to \infty$ であるが，負の方から 0 に近づけば $e^{1/z} \to 0$ である．また $z_n=1/(x+2\pi in)$ という数列を考えると，$n \to \infty$ で $z_n \to 0$ となるが，e^{1/z_n} の極限値は $e^{1/z_n} \to e^x$ という任意の定数値となる．

上記の k 位の極・真性特異点という分類では，$f(z)$ は $z=a$ の近傍つまり $0<|z-a|<R$ で正則であると仮定している．つまり，$z=a$ の特異点 (k 位の極または真性特異点) の近傍には他の特異点は存在しない．これを孤立特異点という．逆に任意の近傍に別の特異点が存在する場合，特異点が $z=a$ に集積しているという．たとえば

$$f(z)=\frac{1}{\sin(1/z)} \tag{4.24}$$

の $z=0$ は集積点の例である．実際に調べてみると，$\sin(1/z)$ が 0 となるのは $1/z=n\pi$ (n は整数) であるから，$z=1/n\pi$ が特異点である．n が大きいときを考えれば，明らかに $z=0$ の近傍にいくらでも特異点が存在することがわかる．

次にローラン展開と留数の関係を見よう．ローラン展開のうち，c_{-1} つまり $1/(z-a)$ の係数が，$f(z)$ の $z=a$ における留数であることが以下のように示される．特異点 $z=a$ を囲む積分路 C を図 4.3 のようにとっておく．3.3 節で示したように留数は

$$\frac{1}{2\pi i}\int_C f(z)dz \tag{4.25}$$

で与えられる．$f(z)$ にローラン展開したものを代入すると c_{-1} の項は

$$\frac{1}{2\pi i}\int_C \frac{c_{-1}}{z-a}dz = c_{-1} \tag{4.26}$$

となるが，それ以外の項はすべて 0 になる．たとえば $(z-a)^n\,(n\geq 0)$ という正のべきの項は正則なので明らかに

$$\frac{1}{2\pi i}\int_C c_n(z-a)^n dz = 0 \quad (n\geq 0) \tag{4.27}$$

また，負の高次のべきの項は，積分路を半径 r の円として $z=a+re^{i\theta}$ とおいて積分すると，$k=2,3,4,\cdots$ に対して

$$\begin{aligned}
\frac{1}{2\pi i}\int_C \frac{c_{-k}}{(z-a)^k}dz &= \frac{1}{2\pi i}\int_0^{-1} \frac{c_{-k}}{(re^{i\theta})^k}ire^{i\theta}d\theta \\
&= \frac{c_{-k}}{2\pi r^{k-1}}\int_0^{2\pi} e^{i(1-k)\theta}d\theta \\
&= 0
\end{aligned} \tag{4.28}$$

このように $z=a$ が k 位の極や真性特異点であっても，留数 (4.25) は c_{-1} である．

　c_{-1} を具体的に求めるには (4.25) 式の左辺を直接計算してもよいが，通常はもっと簡単な方法を用いる．もし特異点が 1 位の極であれば，3.3 節で用いた極限値

$$\lim_{z\to a}(z-a)f(z) \tag{4.29}$$

でよい．しかし，一般的にローラン展開の $1/(z-a)^k\,(k>1)$ の項があると，$z\to a$ の極限は発散するので (4.29) 式の公式は使えない．代わりに，k 位の極の場合，$f(z)$ から c_{-1} だけを抽出するには

$$\lim_{z\to a}\frac{1}{(k-1)!}\frac{d^{k-1}}{dz^{k-1}}\{(z-a)^k f(z)\} = c_{-1} \tag{4.30}$$

という公式を用いればよい．たとえば 2 位の極のときは，この公式に従うと

$$\begin{aligned}
&\lim_{z\to a}\frac{d}{dz}\{(z-a)^2 f(z)\} \\
&=\lim_{z\to a}\frac{d}{dz}\left\{(z-a)^2\left(\frac{c_{-2}}{(z-a)^2}+\frac{c_{-1}}{z-a}+c_0+c_1(z-a)+c_2(z-a)^2+\cdots\right)\right\} \\
&=\lim_{z\to a}\frac{d}{dz}\{c_{-2}+c_{-1}(z-a)+c_0(z-a)^2+c_1(z-a)^3+c_2(z-a)^4+\cdots\}
\end{aligned}$$

$$= \lim_{z \to a} \{c_{-1} + 2c_0(z-a) + 3c_1(z-a)^2 + 4c_2(z-a)^3 + \cdots\}$$

$$= c_{-1}$$

となって c_{-1} が得られる．

一般に k 位の極の場合に (4.30) 式が成立することは明らかであろう．$f(z)$ に $(z-a)^k$ を掛けることによって c_{-1} の項は $c_{-1}(z-a)^{k-1}$ となり，z で $(k-1)$ 階微分することによって $(k-1)!c_{-1}(z-a)^0$ となる仕組みである．$c_{-2}/(z-a)^2$，$c_{-3}/(z-a)^3$ などの項は z の $(k-1)$ 階微分の途中で消えていく．

最後に，$z=\infty$ における極という使い方をしばしばするので，これについて説明しておこう．関数が $|z|>R$ で正則であるとして，$z=0$ のまわりでのローラン展開

$$f(z) = \sum_{n=-\infty}^{\infty} c_n z^n \tag{4.31}$$

を作ったとする．これを $(1/z)$ のべき乗の級数としてとらえ直してみよう．もしも級数が z の負のべき乗のみの場合，つまり

$$f(z) = \sum_{n=-\infty}^{0} c_n z^n \tag{4.32}$$

のとき，$z \to \infty$ で $f(z) \to c_0$ となる．この場合，$f(z)$ は $z=\infty$ で正則であるということにする．次に z の正のべき乗が有限個の場合，つまり

$$f(z) = \sum_{n=-\infty}^{k} c_n z^n \tag{4.33}$$

のとき，$f(z)$ は $z \to \infty$ で発散する．特に上式のように z^k が最高次のべきの場合，$z=\infty$ は $f(z)$ の k 位の極であるという．これは $z=a$ における特異点の分類の場合の (4.22) 式に対応する．さらに $k=\infty$ のときは，$z=\infty$ は $f(z)$ の真性特異点であるという．たとえば無限級数で定義された e^z は，$z=\infty$ が真性特異点である．

このような複素関数の性質を用いると代数学の基本定理が証明できる．代数学の基本定理とは，多項式 $f(z)$ に対して $f(z)=0$ を満たす根が必ず存在するということである．もし根がなかったとしよう．すると $1/f(z)$ はすべての z について正則である．したがってテイラー展開ができて

$$\frac{1}{f(z)} = \sum_{n=0}^{\infty} c_n z^n \tag{4.34}$$

である．一方，$f(z)$ は多項式なので，$z \to \infty$ で $f(z) \to \infty$ である．したがって $1/f(z) \to 0$，つまり上の分類によると $1/f(z)$ は $z=\infty$ で正則であることに

なる．すると，テイラー展開(4.34)式において，$c_1=0, c_2=0, c_3=0, \cdots$ でなければならない．つまり，$1/f(z)=c_0$ (定数)しかありえない．これは $f(z)$ が多項式であるという仮定と矛盾する(証明終り)．

4.4 解 析 接 続

さて，図4.1で示されているように，積分路 C の内部で正則な関数 $f(z)$ は $z=a$ のまわりでテイラー展開できるが，その収束半径はもよりの特異点までの距離 R であった．たとえば $z=0$ のまわりでの展開

$$f(z)=\frac{1}{1-z}=\sum_{n=0}^{\infty}z^n \qquad (4.35)$$

の収束半径は1である(図4.4)．しかしこの関数 $1/(1-z)$ は明らかに $z=1$ 以外は正則であり，半径1の収束円の外側でも存在している．たとえば $z=0$ の代わりに，$z=i$ を中心に $f(z)$ をテイラー展開すれば

$$\begin{aligned}f(z)&=\frac{1}{1-z}=\frac{1}{1-i-(z-i)}\\ &=\frac{1}{1-i}\frac{1}{1-(z-i)/(1-i)}\\ &=\frac{1}{1-i}\sum_{n=0}^{\infty}\left(\frac{z-i}{1-i}\right)^n\end{aligned} \qquad (4.36)$$

と書ける．この無限級数が収束するのは

$$\left|\frac{z-i}{1-i}\right|<1$$

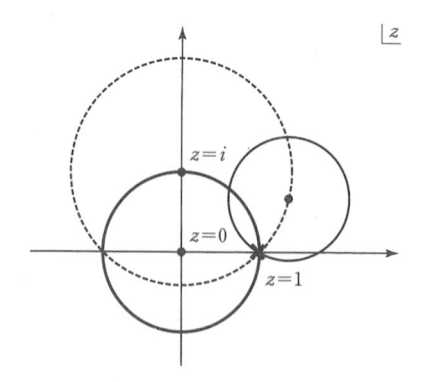

図4.4 $f(z)=1/(1-z)$ のテイラー展開

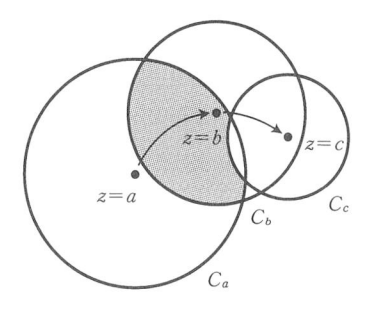

図 4.5 解析接続

つまり $|z-i|<|1-i|=\sqrt{2}$ の場合である.

このように, $f(z)$ は (4.35)式と (4.36)式のように何通りにもテイラー展開することができる. それぞれは収束半径を持っており, 特異点 $z=1$ のまわりを囲むようにとることができる (図 4.4).

一般の関数の場合にも, 1つの収束円から出発して収束円を少しずつ重ね合わせながら, 順次テイラー展開をつないでいくことができる. これを関数 $f(z)$ の解析接続 (analytic continuation) という. 具体的には図 4.5 のように行う. まずある領域で正則な関数 $f(z)$ があり, $z=a$ を中心に収束半径 R のテイラー展開が与えられたとする. 次に収束円 C_a 内の適当な点 $z=b$ を選び, $(z-b)$ のべき乗によるテイラー展開を作る (こうして作った新しいテイラー展開による関数は, もとの関数と図 4.5 のアミ掛け部分で必ず一致することが証明できる). もし図 4.5 のように $z=b$ を中心とした収束円 C_b が, もとの収束円 C_a よりはみ出していれば, $f(z)$ が正則である領域は C_a と C_b 両方の領域まで拡げられたことになる. さらに b を中心とした収束円 C_b 内の適当な点 $z=c$ を選び同様な手続きをくり返していけば, $f(z)$ が正則な領域を増やしていくことができる. このように解析接続をくり返して作られた関数をワイエルシェトラス (Wierstrass) の解析関数という.

ただし収束円の円周上に特異点が密集していることもありうる. その場合は, どうがんばっても収束円の外側に関数を解析接続することはできない. このようなものを自然境界という.

また 1.3 節で説明したリーマン面は, 解析接続をくり返して作られたものであるといってもよい.

このような解析接続の考え方は，e^z や $\cos z$ などの定義の際にも実は重要な役割りを果たしている．e^z や $\cos z$ は実数関数 e^x や $\cos x$ を複素変数に拡張したものであるが，拡張の仕方が一意的であるかどうかは保証の限りではない．しかし以下に示すように，正則であるという条件をつけると，拡張が一意的であることが保証される．

たとえば $f(z)=e^z$ と異なる可能性のある正則な関数 $g(z)$ を考えて，実軸上つまり $z=x$ のときは $g(x)=e^x$ となっているとしよう．この場合，実軸から少し離れると $f(z)$ と $g(z)$ は異なる値をとってもよい．しかし一致の定理 (一致性定理) という定理があって，このような場合 $f(z)$ と $g(z)$ は両方が正則な領域で一致することが証明される．今 $f(z)=e^z$ は全複素平面上で正則，$g(z)$ も正則であると仮定したので，$f(z)=g(z)$ しかありえないことになる．つまりこれは実軸上という限られた集合上で定義されている関数が，正則性ということを手掛りにして複素平面全体に一意的に拡張できるということを意味している．4.1 節のはじめのところで述べたように，正則関数というものが強い制約 (しかしきわめて自然な制約) のもとに成立しているために，このような一意的な拡張が可能なのである．

1.5 節で定義した対数関数 $\log z$ も，実数の関数 $\log x$ を複素数に解析接続したものである．$\log z$ の微分は (2.10) 式で示したように $1/z$ だから，不定積分 (3.14) を用いて，

$$\log z = \int_1^z \frac{dz}{z} \tag{4.37}$$

としても定義される．$1/z$ は $z=0$ 以外では正則だから，$\log z$ も 0 以外で正則

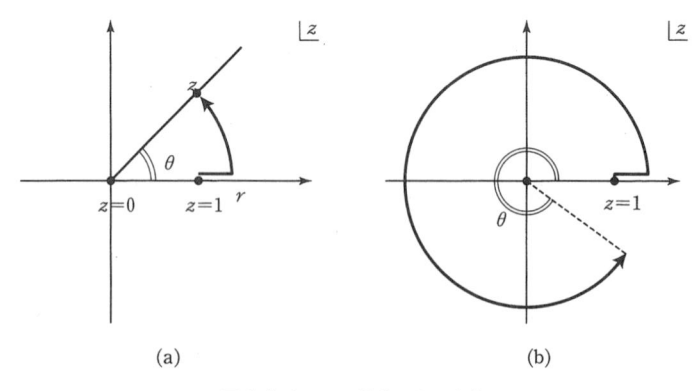

図 4.6 $\log z$ の積分による定義

である．

積分路をたとえば図 4.6 (a) のようにとって積分を実行してみると，

$$\log z = \int_1^r \frac{dx}{x} + \int_0^\theta \frac{1}{re^{i\theta}} i r e^{i\theta} d\theta = \log r + i\theta \tag{4.38}$$

であり 1.5 節の定義と一致する．さらに，図 4.6 (b) のように $z=0$ のまわりを 1 周するような積分路をとると，$z=0$ を 1 周するごとに θ が 2π ずつ増えていくことがわかる．これが $\log z$ が無限多価関数であることに対応している．

また，

$$\frac{1}{1+z} = \sum_{n=0}^{\infty} (-1)^n z^n = 1 - z + z^2 - z^3 + \cdots \tag{4.39}$$

は $|z|<1$ の収束円内で収束する．この円内で 0 から z まで両辺を積分すると

$$\int_0^z \frac{dz}{1+z} = \sum_{n=0}^{\infty} \frac{(-1)^n}{n+1} z^{n+1} = z - \frac{z^2}{2} + \frac{z^3}{3} - \frac{z^4}{4} + \cdots \tag{4.40}$$

となる．左辺は (4.37) と比べてわかるように $\log(1+z)$ であるが，今の場合，収束円が 1 枚目のリーマン面上に含まれているので，主値 $\mathrm{Log}(1+z)$ である．結局 (4.40) 式は

$$\mathrm{Log}(1+z) = z - \frac{z^2}{2} + \frac{z^3}{3} - \frac{z^4}{4} + \cdots \tag{4.41}$$

というテイラー展開を意味している (演習問題 4.3 参照)．

4.5 部分分数展開と無限乗積

次に孤立特異点を複数個持つ関数を考えてみよう．

$$f(z) = \frac{a_0 + a_1 z + a_2 z^2 + \cdots + a_n z^n}{b_0 + b_1 z + b_2 z^2 + \cdots + b_m z^m} \tag{4.42}$$

という z の多項式の分数の形を持つ関数を有理関数という．分母を因数分解すればわかるように，有理関数は極しか持たない．重根があれば，それは 2 位の極になる．

このように特異点がすべて孤立特異点で，かつ極であるような関数を一般に有理型という．たとえば

$$\cot z = \frac{\cos z}{\sin z} \tag{4.43}$$

は有理型である．実際に $z = x + iy$ とおいて，分母が 0 となるところを求めて

みると,
$$\sin z = \sin(x+iy) = \sin x \cos(iy) + \cos x \sin(iy)$$
$$= \sin x \cosh y + i \cos x \sinh y \qquad (4.44)$$
であるから, $x=n\pi$ (n は整数), $y=0$ つまり $z=n\pi$ のところが極である. さらにこれらの極は, すべて1位の極であり, 留数は
$$\lim_{z \to n\pi}(z-n\pi)\frac{\cos z}{\sin z}=1 \qquad (4.45)$$
である.

さて有理関数 (4.42) は分母を因数分解して適当に変形すれば部分分数展開できる. つまり分母 $=0$ の根 α_i を用いて,
$$\frac{C_1}{z-\alpha_1}, \quad \frac{C_2}{z-\alpha_2}, \quad \frac{C_2'}{(z-\alpha_2)^2} \quad (z=\alpha_2 \text{ が2位の極なら}), \cdots \qquad (4.46)$$
というような部分分数の和として書くことができる. これと同じように $\cot z$ も次のような部分分数に展開できることが示される.
$$\cot z = \frac{1}{z} + \sum_{\substack{n=-\infty \\ n \neq 0}}^{\infty}\left(\frac{1}{z-n\pi}+\frac{1}{n\pi}\right)$$
$$= \frac{1}{z} + \sum_{\substack{n=-\infty \\ n \neq 0}}^{\infty}\frac{z}{n\pi(z-n\pi)} \qquad (4.47)$$
$$= \frac{1}{z} + \sum_{n=1}^{\infty}\frac{2z}{z^2-n^2\pi^2}$$
右辺は確かに $z=n\pi$ のところに1位の極を持ち, 留数がすべて1になってい

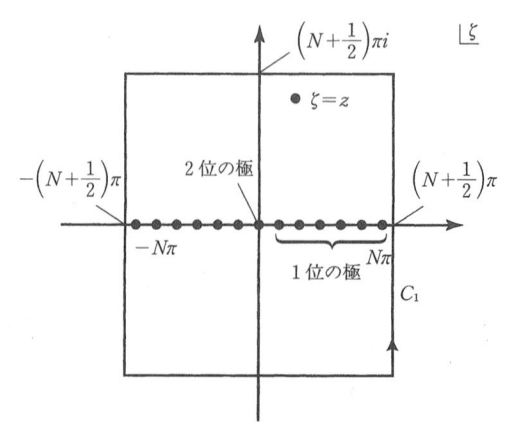

図4.7 積分路 C と $\cot z$ の極

る．またこの無限級数は，n の大きいところで $-2z/n^2\pi^2$ 程度になるから収束する．

(4.47) 式を証明しよう．そのためには図 4.7 の積分路 C に沿って

$$\int_C \frac{\cot \zeta}{\zeta(\zeta-z)} d\zeta \tag{4.48}$$

を積分してみるとよい．(1) 留数を調べて積分値を求めたものと，(2) 積分を直接実行したものを等しいとおく．

(1) まず $(\cot \zeta)/\zeta(\zeta-z)$ は $\zeta=n\pi$ と $\zeta=z$ のところに極を持つ．$\zeta=0$ だけが 2 位の極であり，他はすべて 1 位の極である ($z\neq n\pi$ とする)．$\zeta=z$ の留数は $(\cot z)/z$，$\zeta=n\pi$ ($n\neq 0$) の留数は $1/n\pi(n\pi-z)$ である．$\zeta=0$ のところは 2 位の極なので，留数を求めるには公式 (4.30) を用いて

$$\lim_{\zeta\to 0}\frac{d}{d\zeta}\left(\zeta^2\cdot\frac{\cot \zeta}{\zeta(\zeta-z)}\right)=\lim_{\zeta\to 0}\left(\frac{\cot \zeta}{\zeta-z}-\frac{\zeta}{(\zeta-z)\sin^2\zeta}-\frac{\zeta\cot \zeta}{(\zeta-z)^2}\right)$$

$$=-\frac{1}{z^2}$$

これらの留数を合計すると積分値が求まり

$$\int_C \frac{\cot \zeta}{\zeta(\zeta-z)} d\zeta = 2\pi i\left(\frac{\cot z}{z}+\sum_{\substack{n=-N \\ n\neq 0}}^{N}\frac{1}{n\pi(n\pi-z)}-\frac{1}{z^2}\right) \tag{4.49}$$

(2) 次に (4.49) 式左辺の積分を積分路の各辺ごとに実行してみよう．たとえば図 4.7 の C_1 に沿った積分は $\zeta=(N+1/2)\pi+iy$ とおいて

$$\int_{C_1} \frac{\cot \zeta}{\zeta(\zeta-z)} d\zeta = i\int_{-(N+1/2)\pi}^{(N+1/2)\pi}\left(\frac{\cot\{(N+1/2)\pi+iy\}}{\{(N+1/2)\pi+iy\}\{(N+1/2)\pi+iy-z\}}\right)dy$$

であるが，

$$\left|\cot\left\{\left(N+\frac{1}{2}\right)\pi+iy\right\}\right|=\frac{|\sin(N+1/2)\pi\cdot\sinh y|}{|\sin(N+1/2)\pi\cdot\cosh y|}=|\tanh y|\leq 1$$

であるから，

$$\left|\int_{C_1}\frac{\cot \zeta}{\zeta(\zeta-z)}d\zeta\right|\leq\int_{-(N+1/2)\pi}^{(N+1/2)\pi}\frac{1}{(N+1/2)\pi\{(N+1/2)\pi-|z|\}}dy$$

したがって $N\to\infty$ のとき 0 に近づく．他の部分の積分路からの寄与も同じように小さくなるので，結局 (4.49) 式の左辺は $N\to\infty$ で 0 である．つまり

$$\frac{\cot z}{z}+\sum_{\substack{n=-\infty \\ n\neq 0}}^{\infty}\frac{1}{n\pi(n\pi-z)}-\frac{1}{z^2}=0$$

が成立する．この式を整理すると (4.47) 式が得られる．

同様の方法で他の三角関数の部分分数展開も求められている．具体的な形は

$$\tan z = -\sum_{n=-\infty}^{\infty}\left(\frac{1}{z-(2n-1)\pi/2}+\frac{1}{(2n-1)\pi/2}\right)$$

$$= -\sum_{n=1}^{\infty}\frac{2z}{z^2-\{(2n-1)\pi/2\}^2} \tag{4.50}$$

$$\sec z = 1 + \sum_{n=-\infty}^{\infty}(-1)^n\left(\frac{1}{z-(2n-1)\pi/2}+\frac{1}{(2n-1)\pi/2}\right)$$

$$= \sum_{n=1}^{\infty}\frac{(-1)^n(2n-1)\pi}{z^2-\{(2n-1)\pi/2\}^2} \tag{4.51}$$

$$\operatorname{cosec} z = \frac{1}{z} + \sum_{\substack{n=-\infty \\ n\neq 0}}^{\infty}(-1)^n\left(\frac{1}{z-n\pi}+\frac{1}{n\pi}\right)$$

$$= \frac{1}{z} + \sum_{n=1}^{\infty}\frac{2(-1)^n z}{z^2-(n\pi)^2} \tag{4.52}$$

さらに $\cot z$ の部分分数展開 (4.47) を書き直すと，ローラン展開が得られる．実際 $z=0$ の近傍で ($|z|<\pi$)

$$\cot z = \frac{1}{z} - \sum_{n=1}^{\infty}\frac{2z}{n^2\pi^2-z^2}$$

$$= \frac{1}{z} - \sum_{n=1}^{\infty}\frac{2z}{n^2\pi^2(1-z^2/n^2\pi^2)}$$

$$= \frac{1}{z} - \sum_{n=1}^{\infty}\frac{2z}{n^2\pi^2}\sum_{k=0}^{\infty}\left(\frac{z^2}{n^2\pi^2}\right)^k$$

$$= \frac{1}{z} - \sum_{k=0}^{\infty}\left(\sum_{n=1}^{\infty}\frac{2}{n^{2k+2}\pi^{2k+2}}\right)z^{2k+1} \tag{4.53}$$

このローラン展開はベルヌーイ (Bernoulli) 数 B_n を用いても表すことができる．ベルヌーイ数 B_n は

$$\frac{z}{e^z-1} = 1 - \frac{z}{2} + \sum_{n=1}^{\infty}(-1)^{n-1}\frac{B_n}{(2n)!}z^{2n} \tag{4.54}$$

として定義される[*1] ($B_1=1/6, B_2=1/30, B_3=1/42, \cdots$)．この定義式で右辺の $-z/2$ を移項して変形すると，

$$\frac{z}{e^z-1} + \frac{z}{2} = \frac{z(e^z+1)}{2(e^z-1)} = \frac{z}{2}\frac{\cosh(z/2)}{\sinh(z/2)} \tag{4.55}$$

であることがわかる．この式で $z \to 2iz$ という置き換えをすると，$z\cot z$ となるので，(4.54) 式と (4.55) 式から

$$z\cot z = 1 - \sum_{n=1}^{\infty}\frac{B_n}{(2n)!}(2z)^{2n} \tag{4.56}$$

[*1] ベルヌーイ数の定義には別の流儀もあるから注意を要する．

4.5 部分分数展開と無限乗積

が得られる．両辺を z で割れば $\cot z$ のローラン展開の別解が求まったことになるので，(4.53)式と比較することにより

$$\sum_{n=1}^{\infty}\frac{1}{n^{2k}}=\frac{2^{2k-1}\pi^{2k}}{(2k)!}B_k \tag{4.57}$$

が得られる．左辺はリーマンのツェータ関数

$$\zeta(z)=\sum_{n=1}^{\infty}\frac{1}{n^z} \tag{4.58}$$

の z が偶数の場合である．$z=1$ と $z=2$ の場合を示せば，

$$\zeta(2)=\sum_{n=1}^{\infty}\frac{1}{n^2}=\pi^2 B_1=\frac{\pi^2}{6}$$

$$\zeta(4)=\sum_{n=1}^{\infty}\frac{1}{n^4}=\frac{8\pi^4}{4!}B_2=\frac{\pi^4}{90}$$

ということがわかる．

また (4.47) 式の $\cot z$ の部分分数展開の応用として，$\sin z$ の無限乗積表示というものを導き出すことができる．(4.47)式の $1/z$ を左辺に移項してから積分してみると

$$\int_0^z\left(\cot z-\frac{1}{z}\right)dz=\int_0^z\sum_{n=1}^{\infty}\frac{2z}{z^2-n^2\pi^2}dz$$

である．両辺の積分を実行すると

$$\log\left(\frac{\sin z}{z}\right)=\sum_{n=1}^{\infty}\log\left(1-\frac{z^2}{n^2\pi^2}\right)$$

したがって

$$\sin z=z\prod_{n=1}^{\infty}\left(1-\frac{z^2}{n^2\pi^2}\right) \tag{4.59}$$

が得られる．

(4.59) 式に関して，いくつか注意しておくことにしよう．右辺は明らかに $z=0$ および $z=\pm n\pi$ のところで 0 になる (無限和ではなく，無限乗積であることに注意)．これらの点を $\sin z$ の零点という．

また，(4.59)式のような無限乗積についても収束するかどうか調べておかなければならない．絶対値をとって調べると，

$$\left|\prod_{n=1}^{N}\left(1-\frac{z^2}{n^2\pi^2}\right)\right|\leq\prod_{n=1}^{N}\left(1+\left|\frac{z^2}{n^2\pi^2}\right|\right)$$

$$\leq\prod_{n=1}^{N}\exp\left(\left|\frac{z^2}{n^2\pi^2}\right|\right) \tag{4.60}$$

$$= \exp\left(\sum_{n=1}^{N}\left|\frac{z^2}{n^2\pi^2}\right|\right)$$

今 $|z| \leqq R$ とすれば,

$$\sum_{n=1}^{N}\left|\frac{z^2}{n^2\pi^2}\right| \leqq \frac{R^2}{\pi^2}\sum_{n=1}^{N}\frac{1}{n^2} \tag{4.61}$$

であり, 右辺は $N \to \infty$ で収束するので無限乗積も収束する. したがって (4.59) は $|z| < \infty$ で一様に収束するといえる.

4.6 δ 関数と積分の主値

コーシーの積分公式 (4.1) の特殊な場合であるが, 物理学ではよく用いられる有用な積分がある. 図 4.8 の積分路に沿った積分

$$\int_C \frac{f(z)}{z-a}dz \quad (a \text{ は実数}) \tag{4.62}$$

を考える. $f(z)$ は実軸上で正則であり, $\text{Im } z \geqq 0$ (z 平面の上半面) で $|z| \to \infty$ のとき

$$|z|^k|f(z)| < A \quad (k>0, \; A>0) \tag{4.63}$$

が成立すると仮定する.

この場合, 積分路の内側には z 平面の上半面中の $f(z)$ の特異点だけがあるから, 積分 (4.62) はこれらの留数の和になる. 一方, 積分路 C の各部分を独立に計算してみよう. C_1 に沿っては, $z = Re^{i\theta}$ とおけば

$$\int_{C_1}\frac{f(z)}{z-a}dz = \int_0^\pi \frac{f(Re^{i\theta})}{Re^{i\theta}-a}iRe^{i\theta}d\theta$$

であるが, 条件 (4.63) のために $R \to \infty$ の極限で積分値は 0 に収束する. また C_3 についての積分は, $z = a + \varepsilon e^{i\theta}$ とおいて,

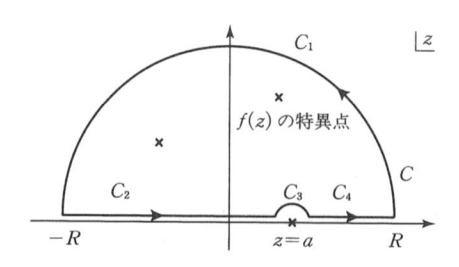

図 4.8 積分路 C と $f(z)$ の特異点

4.6 δ関数と積分の主値

$$\int_{C_3}\frac{f(z)}{z-a}dz=\int_\pi^0\frac{f(a+\varepsilon e^{i\theta})}{\varepsilon e^{i\theta}}i\varepsilon e^{i\theta}d\theta$$

$$\xrightarrow[\varepsilon\to 0]{}if(a)\int_\pi^0 d\theta=-i\pi f(a)$$

となる．以上のことと，C_2, C_4 の実軸上の積分を具体的に書けば，積分路 C についての積分の合計は

$$\int_C\frac{f(z)}{z-a}dz=\lim_{\varepsilon\to 0}\Bigl(\int_{-\infty}^{a-\varepsilon}\frac{f(x)}{x-a}dx+\int_{a+\varepsilon}^\infty\frac{f(x)}{x-a}dx\Bigr)-i\pi f(a) \tag{4.64}$$

という公式が得られる．右辺第1項の極限操作は，$x=a$ での発散を抑えるために必要なものであるが，これをまとめて

$$\mathrm{P}\int_{-\infty}^\infty\frac{f(x)}{x-a}dx \tag{4.65}$$

と書くことにし，積分の主値 (principal value) と呼ぶ．とくに発散する点 $x=a$ の両側で対称的に ($a-\varepsilon$ と $a+\varepsilon$) 積分領域を決めておくことが重要である．もし両側でバラバラに $a-\varepsilon_1$, $a+\varepsilon_2$ としておくと，ε_1, $\varepsilon_2\to 0$ の極限のとり方によって，どのような値にもなってしまう．この主値積分という概念を用いると，(4.64)式は

$$\int_C\frac{f(z)}{z-a}dz=\mathrm{P}\int_{-\infty}^\infty\frac{f(x)}{x-a}dx-i\pi f(a) \tag{4.66}$$

と書き表される．

例として，$f(z)=1/(z+i)$ の場合に計算してみよう．これは $z=-i$ にしか極を持たないから，上半面に極はなく，したがって (4.66) 式の左辺は 0 である．一方右辺の主値積分は，

$$\mathrm{P}\int_{-\infty}^\infty\frac{1}{x+i}\frac{1}{x-a}dx=\lim_{\substack{R\to\infty\\ \varepsilon\to 0}}\Bigl(\Bigl\{\int_{-R}^{a-\varepsilon}\frac{1}{x+i}\frac{1}{x-a}dx+\int_{a+\varepsilon}^R\frac{1}{x+i}\frac{1}{x-a}dx\Bigr)$$

$$=\lim_{\substack{R\to\infty\\ \varepsilon\to 0}}\Bigl\{\int_{-R}^{a-\varepsilon}\Bigl(\frac{1}{x-a}-\frac{1}{x+i}\Bigr)\frac{1}{a+i}dx$$

$$+\int_{a+\varepsilon}^R\Bigl(\frac{1}{x-a}-\frac{1}{x+i}\Bigr)\frac{1}{a+i}dx\Bigr\}$$

$$=\lim_{\substack{R\to\infty\\ \varepsilon\to 0}}\frac{1}{a+i}\Bigl\{\log\frac{x-a}{x+i}\Big|_{-R}^{a-\varepsilon}+\log\frac{x-a}{x+i}\Big|_{a+\varepsilon}^R\Bigr\}$$

$$=\lim_{\substack{R\to\infty\\ \varepsilon\to 0}}\frac{1}{a+i}\Bigl\{\log\Bigl(\frac{-\varepsilon}{a-\varepsilon+i}\Bigr)-\log\Bigl(\frac{-R-a}{-R+i}\Bigr)$$

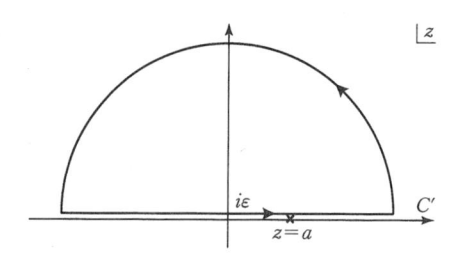

図 4.9 変更後の積分路 C'

$$+\log\left(\frac{R-a}{R+i}\right)-\log\left(\frac{\varepsilon}{a+\varepsilon+i}\right)\Bigr\}$$

$$=\lim_{\varepsilon\to 0}\frac{1}{a+i}\log\left(\frac{-\varepsilon}{\varepsilon}\right)$$

$$=\frac{1}{a+i}\log(-1)$$

$$=\frac{i\pi}{a+i}=i\pi f(a)$$

であり，等式 (4.66) が成立していることがわかる．

次に (4.66) 式で積分路を少しずらして図 4.9 のように変更したとする．関数 $f(z)/(z-a)$ は積分路を移動した領域で正則だから (ε は微小量)，積分値は変わらない．つまり

$$\int_{C'}\frac{f(z)}{z-a}dz=\mathrm{P}\int_{-\infty}^{\infty}\frac{f(x)}{x-a}dx-i\pi f(a) \tag{4.67}$$

が成立する．左辺の積分のうち，半径 R の大きな半円の積分路からの寄与は 0 に近づく．残った積分路については $z=x+i\varepsilon$ と書けば $-\infty<x<\infty$ の積分となる．したがって

$$\lim_{\varepsilon\to 0}\int_{-\infty}^{\infty}\frac{f(x+i\varepsilon)}{x-a+i\varepsilon}dx=\mathrm{P}\int_{-\infty}^{\infty}\frac{f(x)}{x-a}dx-i\pi f(a)$$

さらに，左辺の分子は $\varepsilon\to 0$ の極限では $f(x)$ となるので

$$\lim_{\varepsilon\to 0}\int_{-\infty}^{\infty}\frac{f(x)}{x-a+i\varepsilon}dx=\mathrm{P}\int_{-\infty}^{\infty}\frac{f(x)}{x-a}dx-i\pi f(a) \tag{4.68}$$

という等式が成り立つ．

この両辺を見比べて，形式的に

$$\frac{1}{x-a+i\varepsilon}=\frac{\mathrm{P}}{x-a}-i\pi\delta(x-a) \tag{4.69}$$

と書くことができる．ここで $\delta(x)$ は δ（デルタ）関数と呼ばれるもので，

$$\int_{-\infty}^{\infty} f(x)\delta(x-a)dx = f(a) \tag{4.70}$$

を満たすものとして定義する．(4.69)式の等式は物理学のさまざまな議論に用いられる．

(4.69)式の複素共役については

$$\frac{1}{x-a-i\varepsilon} = \frac{\mathbf{P}}{x-a} + i\pi\delta(x-a) \tag{4.71}$$

が成立する（演習問題 4.12）．

また，特に $f(z)$ が上半面 $(\mathrm{Im}\, z \geq 0)$ で正則な関数である場合，(4.66)式の左辺は 0 だから，

$$f(a) = \frac{\mathbf{P}}{i\pi} \int_{-\infty}^{\infty} \frac{f(x)}{x-a} dx \tag{4.72}$$

が成立する．両辺の実部と虚部をそれぞれとると，

$$\begin{aligned}
\mathrm{Re}\, f(a) &= \frac{\mathbf{P}}{\pi} \int_{-\infty}^{\infty} \frac{\mathrm{Im}\, f(x)}{x-a} dx \\
\mathrm{Im}\, f(a) &= -\frac{\mathbf{P}}{\pi} \int_{-\infty}^{\infty} \frac{\mathrm{Re}\, f(x)}{x-a} dx
\end{aligned} \tag{4.73}$$

という関係が得られる．この上半面で正則な関数 $f(x)$ の実部と虚部の間にある関係式は大変重要で，物理学ではクラマース-クローニッヒ (Kramers-Kronig) 変換と呼ばれている．

演習問題

4.1 $f(z) = e^z$ に対して，コーシーの積分公式をあてはめ，$a=0$ とおくことにより

$$\int_0^\pi e^{R\cos\theta}\cos(R\sin\theta)d\theta = \pi$$

を示せ．

4.2 $(1+z)^{1/z}$ を $z=0$ のまわりでテイラー展開せよ．特に

$$\lim_{z \to 0}(1+z)^{1/z} = e$$

である．

4.3 $\mathrm{Log}(1+z)$ のテイラー展開を (4.8) 式を計算することによって求めよ．

4.4 関数 $f(z)$ が無限遠点を除くいたるところで正則であり，かつ有界 ($|f(z)| < A$) であると，実は $f(z)$ は定数であること（リウヴィル (Liouville) の定理）を証明せ

図 4.10　　　　　　　図 4.11

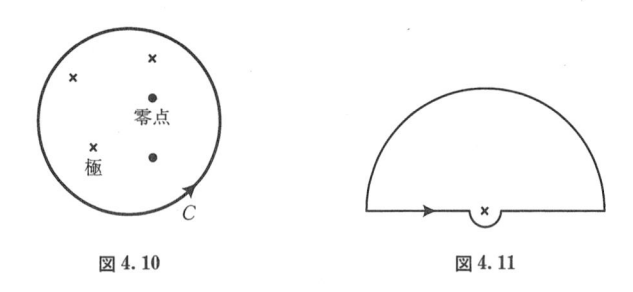

よ．

4.5 $f(z)=1/(z-a)$ の $z=0$ のまわりでのローラン展開を求めよ．またその結果を用いて $\sum_{n=1}^{\infty} k^n \cos n\theta$ を求めよ．

4.6 $f(z)=z/(z-a)(z-b)$ の $|a|<|z|<|b|$ の領域におけるローラン展開を求めよ．また $z=0$ のまわりのテイラー展開と比べよ．

4.7 $f(z)=e^{z+1/z}$ の特異点および零点を調べよ．

4.8 $f(z)$ が図 4.10 のように積分路 C 内で k 位の極を n_k 個, l 位の零点を m_l 個持つとする．このとき

$$\int_C \frac{f'(z)}{f(z)}dz = 2\pi i\left(\sum_l lm_l - \sum_k kn_k\right)$$

を示せ．

4.9 $1/\sin(z^2)$ の極の位置と，それぞれ何位の極であるか求めよ．

4.10 2位以上の極がある場合の留数を用いて，次の積分値を求めよ．ただし積分路 C は $z=0$ を中心とした半径 r の円周上を正の向きにまわるものとする．

（ⅰ）$\int_C \frac{1}{z^4+z^2}dz$, 　（ⅱ）$\int_C \frac{z}{(2z-1)^3(z^2-1)}dz$

4.11 2位以上の極がある場合の留数を用いて，次の定積分を求めよ

（ⅰ）$\int_{-\infty}^{\infty} \frac{dx}{(x^2+1)^2}$, 　（ⅱ）$\int_{-\infty}^{\infty} \frac{dx}{(x^2+1)^3}$

4.12 $\dfrac{1}{\sin z} = \dfrac{1}{z} + \sum_{n=1}^{\infty} \dfrac{2^{2n}-2}{(2n)!}B_n z^{2n-1}$ を示せ．

4.13 図 4.11 のような積分路を考えて，

$$\frac{1}{x-a-i\varepsilon} = \frac{\mathrm{P}}{x-a} + i\pi\delta(x-a)$$

を示せ．

4.14 ε が十分小さい正の数のとき以下の積分を求めよ．

$$\int_{-\infty}^{\infty}\frac{dx}{(x-a+i\varepsilon)(x-b+i\varepsilon)}, \quad \int_{-\infty}^{\infty}\frac{dx}{(x-a+i\varepsilon)(x-b-i\varepsilon)}$$

$$\int_{-\infty}^{\infty}\frac{dx}{(x-a-i\varepsilon)(x-b-i\varepsilon)}$$

$$\int_{-\infty}^{\infty}\frac{e^{ikx}}{(x-a+i\varepsilon)(x-b+i\varepsilon)}dx, \quad \int_{-\infty}^{\infty}\frac{e^{ikx}}{(x-a+i\varepsilon)(x-b-i\varepsilon)}dx$$

4.15 以下の積分を計算して問題 4.14 の結果と比べよ．

$$\int_{-\infty}^{\infty}\Bigl(\frac{\mathbf{P}}{x-a}-i\pi\delta(x-a)\Bigr)\Bigl(\frac{\mathbf{P}}{x-b}-i\pi\delta(x-b)\Bigr)dx$$

$$\int_{-\infty}^{\infty}\Bigl(\frac{\mathbf{P}}{x-a}-i\pi\delta(x-a)\Bigr)\Bigl(\frac{\mathbf{P}}{x-b}+i\pi\delta(x-b)\Bigr)dx$$

4.16 問題 4.14 の結果で $b \to a$ の極限がどうなっているか調べよ．

5

等角写像とその応用

5.1 写像としての正則関数

　しばらく複素積分を扱っていたが，この章では正則関数による写像を取り上げる．この手法は物理の問題，特にポテンシャルを求める問題などに広く応用できる．まず

$$\omega = f(z) \tag{5.1}$$

という関数を，複素平面上の点 $z(=x+iy)$ から，ω 平面上の点 $\omega(=u+iv)$ への写像 (mapping) であるとみなすことにする．この関数が $z=z_0$ において正則，つまり微分可能であり，かつ $f'(z_0) \neq 0$ であるとする．この場合，(5.1)式は連続で1対1の写像であり，かつ z_0 付近の複素平面上での角度が，写像された先の $\omega_0 = f(z_0)$ 付近での角度と等しいことを証明することができる (図5.1)．このような写像を等角写像または共形 (conformal) 写像という．

　証明の概略を述べる．$z = x+iy$ とし，

$$\omega = f(z) = u(x, y) + iv(x, y) \tag{5.2}$$

とおけば，$f(z)$ による写像は

$$(x, y) \longrightarrow (u(x, y), v(x, y)) \tag{5.3}$$

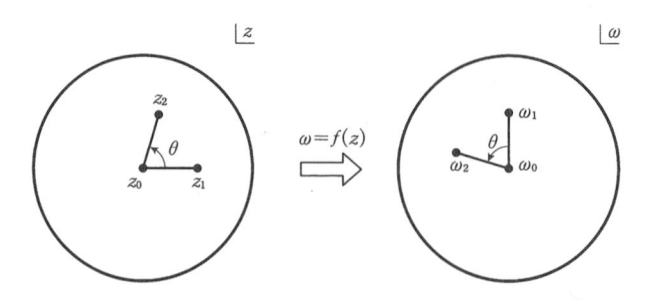

図5.1　正則関数による等角写像

という2次元空間 (xy平面) から2次元空間 (uv平面) への写像とみなすことができる。この写像が1対1であるためにはヤコビアン (Jacobian) J が0でなければよい[*1)]．実際にヤコビアンを求めると，

$$J = \frac{\partial(u,v)}{\partial(x,y)} = \frac{\partial u}{\partial x}\frac{\partial v}{\partial y} - \frac{\partial u}{\partial y}\frac{\partial v}{\partial x} \tag{5.4}$$

であるが，右辺はコーシー–リーマンの関係式を用いて，

$$J = \left(\frac{\partial u}{\partial x}\right)^2 + \left(\frac{\partial v}{\partial x}\right)^2 = \left|\left(\frac{\partial u}{\partial x}\right) + i\left(\frac{\partial v}{\partial x}\right)\right|^2 = |f'(z)|^2 \tag{5.5}$$

と書ける．今 $f'(z_0) \neq 0$ の場合を考えているので $z = z_0$ の十分近傍でヤコビアンは0にならない．したがって1対1写像である．

次に等角であることを示そう．図5.1からわかるように，z_0 付近での角度 $\angle z_1 z_0 z_2$ は

$$\angle z_1 z_0 z_2 = \arg(z_2 - z_0) - \arg(z_1 - z_0) = \arg\left(\frac{z_2 - z_0}{z_1 - z_0}\right) \tag{5.6}$$

である．ここで arg は偏角を意味する．一方 $\omega_0 = f(z_0)$ 付近の角度は，

$$\angle \omega_1 \omega_0 \omega_2 = \arg\left(\frac{\omega_2 - \omega_0}{\omega_1 - \omega_0}\right) \tag{5.7}$$

と書き表される．$f(z)$ は z_0 近傍で微分可能なので，z_1 と z_0 が十分近づいた極限では

$$f'(z_0) = \frac{f(z_1) - f(z_0)}{z_1 - z_0} = \frac{\omega_1 - \omega_0}{z_1 - z_0} \tag{5.8}$$

が成立する．正則 (微分可能) であるとは，任意の方向から z_0 に近づいても同じ $f'(z_0)$ になるということだから，

$$f'(z_0) = \frac{f(z_2) - f(z_0)}{z_2 - z_0} = \frac{\omega_2 - \omega_0}{z_2 - z_0} \tag{5.9}$$

も成立する．(5.8)式と(5.9)式の比をとると

$$\frac{\omega_2 - \omega_0}{\omega_1 - \omega_0} = \frac{z_2 - z_0}{z_1 - z_0} \tag{5.10}$$

となり，角度(5.6), (5.7)式と合わせて等角であることがわかる (証明終り)．

もし z 平面上で直交する2本の直線を考えれば，それらの写像されたものは ω 平面上でも直交する．この性質がポテンシャル問題を解くときに大変役に立つ．

[*1)] 証明略．

5.2 等角写像の例

例1 $\omega = z^2$ という場合を例にとって考えてみよう．

$$\omega = z^2 = (x+iy)^2 = x^2 - y^2 + 2ixy \tag{5.11}$$

であるから，$u(x,y) = x^2 - y^2$，$v(x,y) = 2xy$ である．この写像によって z 平面で x 軸に垂直な直線がどのように写像されるか調べてみよう．x 軸に垂直な直線は

$$x = a\,(\text{一定値}), \qquad y\text{ は任意} \tag{5.12}$$

と書けるから，

$$u = a^2 - y^2, \qquad v = 2ay \tag{5.13}$$

である．y が変化すると ω 平面の点 (u,v) が移動して曲線を形成する．つまり y はパラメータ（媒介変数）の役割りを果たしている．y を消去すれば

$$u = a^2 - \frac{v^2}{4a^2} \tag{5.14}$$

となるので，(u,v) は ω 平面で放物線を表していることがわかる（図 5.2 (b) の実線）．この写像の場合，z 平面の直線群は ω 平面の放物線群へ写像される．

同様に y 軸に垂直な直線（図 5.2 の点線）は

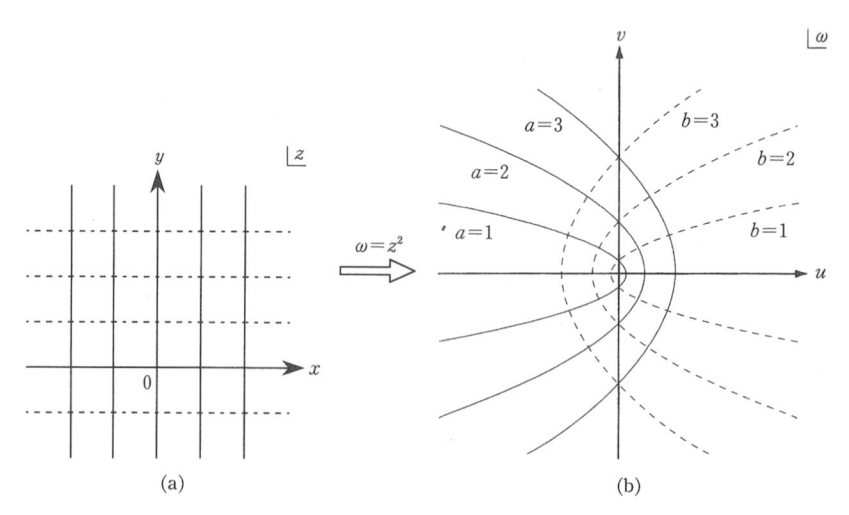

$$y = b, \qquad x \text{ は任意}$$

図 5.2　$\omega = z^2$ の等角写像

図 5.3 $\omega=1/z$ の等角写像 (z 平面での直交する直線群 (図 5.2 (a)) を写像)

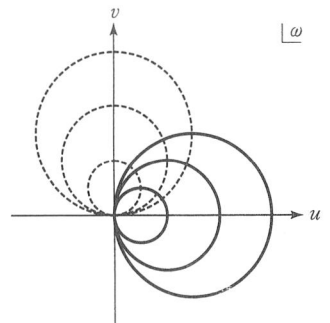

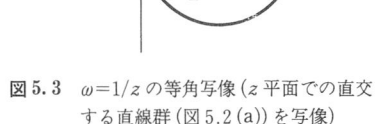

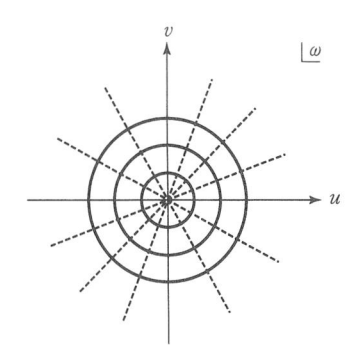

図 5.4 $\omega=e^z$ の等角写像 (図 5.3 と同じように示した)

と表されるから,

$$u=\frac{v^2}{4b^2}-b^2 \tag{5.15}$$

という放物線に写像される. 図 5.2 には, いくつかの a, b についての写像の様子を示してある. z 平面で直交する実線と点線の直線群が, 写像後の ω 平面でも直交している.

例 2 もう 1 つの例として

$$\omega=\frac{1}{z}=\frac{1}{x+iy}=\frac{x-iy}{x^2+y^2} \tag{5.16}$$

を考える. この写像の場合, x 軸に垂直な直線 (a, y) は図 5.3 の実線のような円になることがわかる (演習問題 5.1). また y 軸に垂直な直線 (x, b) は, 図 5.3 の点線で示された円になる. 2 種類の円は互いに直交している.

例 3
$$\omega=e^z=e^{x+iy}=e^x(\cos y+i\sin y) \tag{5.17}$$

に対しては, $u(x,y)=e^x\cos y,\ v(x,y)=e^x\sin y$ であるから, 直線 (a, y) は

$$u^2+v^2=e^{2a} \tag{5.18}$$

という原点を中心とした同心円に写像される (図 5.4 の実線). 一方直線 (x, b) は

$$u=\tan b \cdot v \tag{5.19}$$

という原点を通る直線であるから, 明らかに (5.18) 式の同心円と直交する.

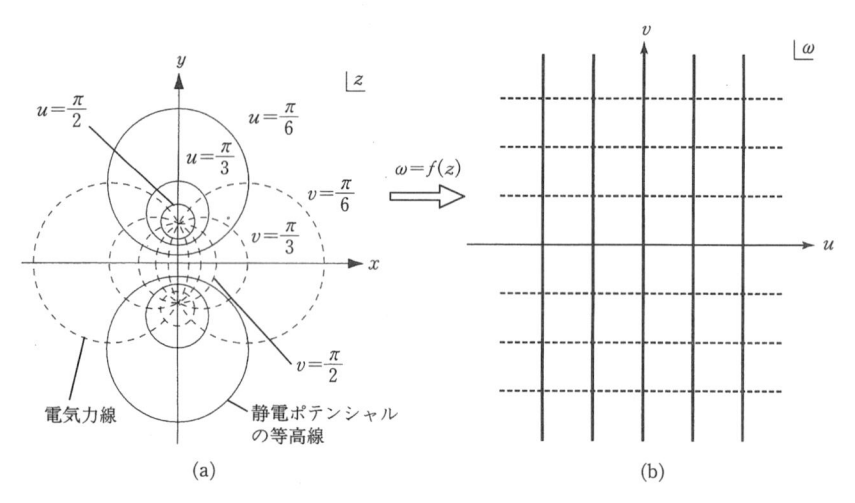

図5.5 2次元静電ポテンシャル問題への等角写像の応用

5.3 ポテンシャル問題への応用

さて，等角写像の2次元のポテンシャル問題への応用を考えよう．たとえば電磁気学では静電ポテンシャルを求める問題が応用上重要である．この場合ポテンシャルの等高線と電気力線は図5.5(a)のように必ず直交する．この関係は，ちょうど図5.2～5.4で調べたものと同じであるから等角写像をうまく利用すれば問題が簡単に解けるようになると予想される．さらに都合がよいことに，$u(x, y)$, $v(x, y)$ は共に調和関数であり，ラプラス方程式

$$\Delta u=\frac{\partial^2 u}{\partial x^2}+\frac{\partial^2 u}{\partial y^2}=0, \quad \Delta v=\frac{\partial^2 v}{\partial x^2}+\frac{\partial^2 v}{\partial y^2}=0 \tag{5.20}$$

を満たす（2.3節参照）．これはちょうど電荷がない位置での静電ポテンシャルの満たすべき方程式である（2次元空間）．実際マクスウェル(Maxwell)方程式は div $\boldsymbol{E}=\rho(\boldsymbol{r})$ であり，$\boldsymbol{E}$ を静電ポテンシャル ϕ を用いて $\boldsymbol{E}=-\nabla\phi$ とおくと div $\boldsymbol{E}=-\Delta\phi=\rho(\boldsymbol{r})$ となる．ここで $\rho(\boldsymbol{r})$ は電荷密度である．

このようなポテンシャル問題を解くために，正則関数

$$f(z)=u(x, y)+iv(x, y) \tag{5.21}$$

の $u(x, y)$ を静電ポテンシャルに対応させてみよう．つまり $u(x, y)=$一定という曲線が静電ポテンシャルの等高線を表すことになる．さて，図5.5のよう

に，都合のよい写像 $\omega=f(z)$ を作ることができて，z 平面で実線で表された曲線群が ω 平面では u 軸に垂直な直線群に写像されるようにすることができたとする．このような写像を見つけることができれば，静電ポテンシャルの問題が解けたことになる．つまり $u(x,y)$ はラプラス方程式を満たすし，z 平面内の実線上の点 (x,y) は ω 平面で $u=$ 一定という直線に写像される，つまり図 5.5 (a) 中の実線上の (x,y) に対し $u(x,y)$ という関数は一定値をとる．(5.2 節の等角写像の例では z 平面上の直線が，ω 平面上のどのような曲線に写されるか調べたが，ポテンシャル問題の場合はその逆で，z 平面上での曲線群が ω 平面上での直線に写像されるものを考えている)．

図 5.5 からわかるように，ω 平面で $v=$ 一定という直線群 (点線) は $u=$ 一定という直線群と必ず直交するから，もとの z 平面では点線は必ず静電ポテンシャルの等高線と直交する．つまり $v(x,y)=$ 一定という曲線群は電気力線を表すことになる．

いくつかの例をもとに調べてみよう．

例 1 図 5.4 で示した $\omega=e^z$ という写像は，z 平面で x 軸に垂直な直線群を同心円に写像した．同心円は 2 次元で点電荷の作る等ポテンシャル面であるから，e^z の逆写像 (つまり逆関数) である $\log z$ を考えれば，ポテンシャル問題になることがわかる (比例係数は気にしないことにする)．実際，写像

$$\omega=f(z)=\log z \tag{5.22}$$

を考えると，$z=re^{i\theta}$ のとき $\omega=\log r+i(\theta+2\pi n)$ (n は $\log z$ が多価関数であることを反映して任意の整数) だから，

$$\left.\begin{array}{l} u(x,y)=\log r=\dfrac{1}{2}\log(x^2+y^2) \\ v(x,y)=\theta+2\pi n=\tan^{-1}\dfrac{x}{y}+2\pi n \end{array}\right\} \tag{5.23}$$

である．$u(x,y)=$ 一定という等ポテンシャル面は確かに同心円である．また $u(x,y)$ の形からは自明ではないが，当然ラプラス方程式 (5.20) を満たしている (演習問題 2.6 参照)．r が小さいとき $u(x,y)$ は負になるから，$z=0$ ($x=0$, $y=0$) の原点にマイナスの電荷があることに対応している．プラスの電荷の場合は $\omega=-\log z$ とすればよい．

もしプラスの電荷とマイナスの電荷が，$z=a$ と $z=-a$ の位置にそれぞれ存在したとすると，静電ポテンシャルは両方の電荷によるポテンシャルの合計

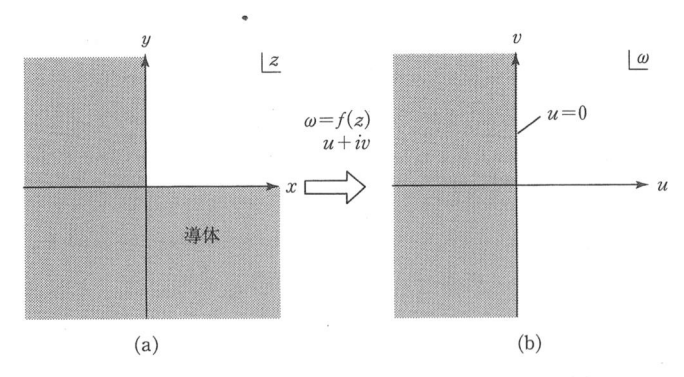

図5.6 ポテンシャル問題(a)とそれに対応する等角写像(b)

でよいから，
$$\omega = -\log(z-a) + \log(z+a) \tag{5.24}$$
を考えればよい．実際 $u(x,y)$ は
$$u(x,y) = -\log\sqrt{(x-a)^2+y^2} + \log\sqrt{(x+a)^2+y^2} \tag{5.25}$$
というポテンシャルの重ね合わせになっている．これを応用すれば図5.5の場合の写像も作ることができる(演習問題5.2)．

例2 もう1つの応用例として，図5.6(a)のような2次元のポテンシャル問題が考えられる．この場合，導体表面でポテンシャル $u(x,y)$ は一定値(たとえば0)であり，導体の外側では2次元のラプラス方程式(5.20)を満たすような $u(x,y)$ を求めなければならない(境界条件付のラプラス方程式)．

もし正則関数を用いた写像で，図5.6(a)の境界部分が図5.6(b)のように直線に写されるようなものを見つけたとしよう．すると導体表面を表す (x,y) の点は，写像先の ω 平面で $u=0$ となるのであるから，$u(x,y)=0$ が成立する．一方 $u(x,y)$ はラプラス方程式を満たすから，$u(x,y)$ が求めたかった解である．

図5.6の写像を与える関数は，実は単純で，
$$f(z) = iz^2 \tag{5.26}$$
である．実際に図5.6(a)の半直線 $(x,0)$ $x>0$ は，$\omega = ix^2$ に写像されるから，$u=0$, $v=x^2$ となり，ω 平面で v 軸の正の部分になる．もう片方の半直線 $(0,y)$ $y>0$ は，$\omega=-iy^2$ つまり $u=0$, $v=-y^2$ に写像される．これは v 軸の負の部分であるから，図5.6の条件を満たしている．

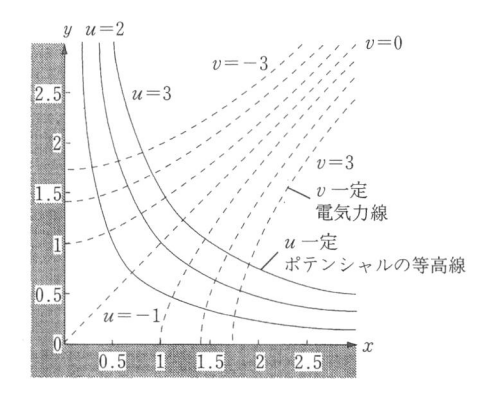

図 5.7 図 5.6 の等ポテンシャル面と電気力線

実は iz^2 という写像は 1.2 節で述べたことからわかるように，z の偏角を 2 倍にするものであるから，z 平面での $90°$ のコーナーが ω 平面では 2 倍の $180°$ になったのである．

(5.26) 式を具体的に書くと，
$$\omega = f(z) = iz^2 = i(x+iy)^2 = -2xy + i(x^2 - y^2) \tag{5.27}$$
だから，
$$u(x, y) = -2xy \tag{5.28}$$
が求めたいポテンシャルである（この例では導体表面で $u(x, y) = 0$ となるポテンシャルを求めたが，0 でない場合は単に $u(x, y)$ に定数項を足せばよい）．ポテンシャルの等高線は
$$u(x, y) = -2xy = C\,(\text{一定値}) < 0 \tag{5.29}$$
という双曲線であり，電気力線は
$$v(x, y) = x^2 - y^2 = C'\,(\text{一定値}) \tag{5.30}$$
という双曲線である（図 5.7）．

例 3 次の例として
$$f(z) = i\left(z + \frac{a^2}{z}\right) \tag{5.31}$$
という写像を考えてみよう．$z = re^{i\theta}$ とおくと，
$$f(z) = ire^{i\theta} + i\frac{a^2}{r}e^{-i\theta} = -\left(r - \frac{a^2}{r}\right)\sin\theta + \left(r + \frac{a^2}{r}\right)\cos\theta$$
であるから

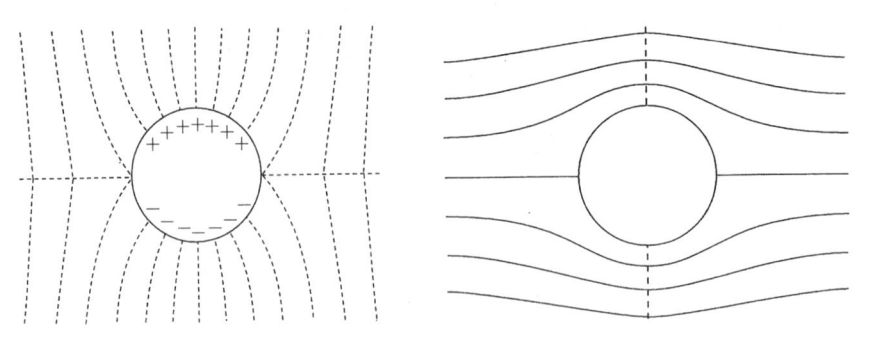

図 5.8 ジューコフスキ変換

$$\begin{cases} u(x,y) = -\left(r - \dfrac{a^2}{r}\right)\sin\theta \\ v(x,y) = \left(r + \dfrac{a^2}{r}\right)\cos\theta \end{cases} \quad (5.32)$$

である．$u(x,y)$ が一定となる等高線を表したものが図 5.8 である．たとえば $u(x,y)=0$ となるのは，$r=a$ または $\theta=0, \pi$ である．これは図の中央の水平線と半径 a の円周上になっている．このような等高線は，電位 0 の円柱が一様電場の中にいる場合に実現する．$v(x,y)=$ 一定によって表される曲線は，図 5.8 の点線のように電気力線を表している．

　この節では静電ポテンシャルの問題として等角写像の応用を説明してきたが，図 5.8 を見て気づくように，2 次元の流体力学の問題も類似であることがわかる．実際図 5.8 の実線を流線，点線を速度ポテンシャルと読み替えることができる．ただし非圧縮性流体の渦なしの場合である．

　実際に渦なし流体の場合には，流体の速度は速度ポテンシャル ϕ を用いて

$$\boldsymbol{v} = \nabla \phi \quad (5.33)$$

と書ける (rot $\boldsymbol{v}=0$)．さらに流体が非圧縮ということは

$$\text{din } \boldsymbol{v} = 0 \quad (5.34)$$

ということであるが，これは ϕ がラプラス方程式を満たすことを意味し，静電ポテンシャルの満たす式とまったく同じになる．図 5.8 は一様流中におかれた円柱まわりの流れの様子を表している．一般に (5.31) 式のような変換

$$f(z) = z + \dfrac{a^2}{z} \quad (5.35)$$

はジューコフスキ (Joukowski) 変換という名がついている．

5.4 1次変換とシュバルツ-クリストッフェル変換

5.3節の例1で考えた写像(5.24)式は

$$\omega = -\log\frac{z-a}{z+a} \tag{5.36}$$

と書き直せる．この写像を2つに分けて

$$\omega = -\log \omega' \tag{5.37a}$$

$$\omega' = \frac{z-a}{z+a} \tag{5.37b}$$

と書くと，これは z からまず ω' に写像し，さらに ω' から ω へ写像したもの（合成写像）とみなすこともできる．ここで出てきたような

$$\omega = \frac{az+b}{cz+d} \tag{5.38}$$

の形の写像を1次変換という．

一般に1次変換は z 平面内の円を ω 平面内の円に写像することが証明できる．ここでは簡単な(5.37b)式の写像を例にとって，このことを確かめることにしよう[*2]．まず

$$z-a = r_1 e^{i\theta_1}, \qquad z+a = r_2 e^{i\theta_2} \tag{5.39}$$

とおけば

$$\omega' = \frac{r_1 e^{i\theta_1}}{r_2 e^{i\theta_2}} = \frac{r_1}{r_2} e^{i(\theta_1-\theta_2)} \tag{5.40}$$

と書ける．もし r_1/r_2 が一定ならば ω' は原点を中心とした円であるが，このとき z の方も円となることがわかる．実際，

$$\frac{|z-a|}{|z+a|} = \frac{r_1}{r_2} = 一定値 \tag{5.41}$$

という関係式が成り立つが，これは図5.9に示したように，初等幾何学でのアポロニウス(Apollonius)の円を意味している（円の中心は $(x_0, 0)$, $x_0 = a(r_1^2 + r_2^2)/(r_2^2 - r_1^2)$ であり，円の半径は $2ar_1r_2/|r_2^2 - r_1^2|$ である．$z=a$ と $z=-a$ の2点は円に関して鏡像の位置になっている）．

以上の1次変換の性質を利用すると，図5.10(a)のように任意の位置に2

[*2] このような簡単な場合を調べても一般性を損なうことはない．(5.38)式の ω を定数倍し，さらに z の原点をずらせば(5.37b)式の形に持ち込むことができる．

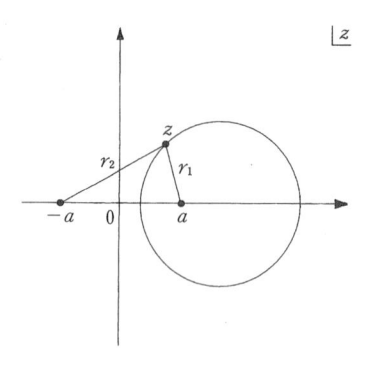

図 5.9 $r_1/r_2=$ 一定の場合のアポロニウスの円

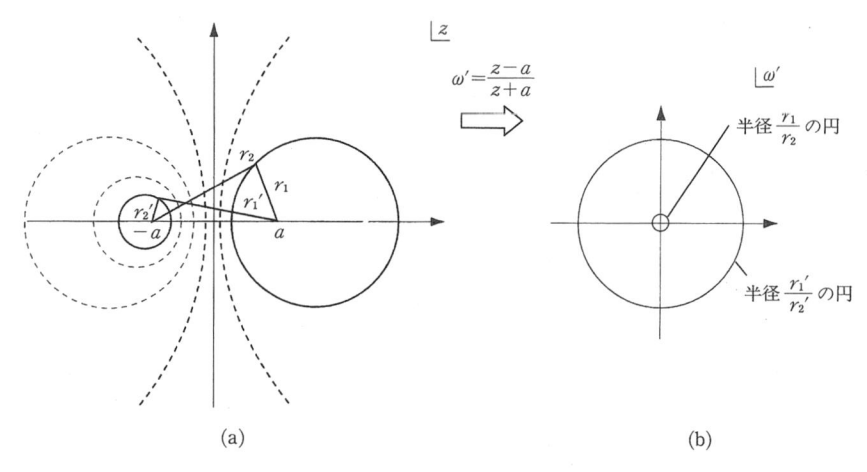

(a) (b)

図 5.10 1 次変換による写像の例

つの円形の導体がある場合のポテンシャル問題を解くことができる.

まず図の右側の円を図 5.9 と同じようにアポロニウスの円として表す. つまり

$$\frac{|z-a|}{|z+a|}=\frac{r_1}{r_2} \tag{5.42}$$

もし右辺の r_1/r_2 の値を異なった値とするとアポロニウスの円は異なる位置にくる. 図 5.9(a) で右側の円では $r_1/r_2<1$ であるが, $r_1'/r_2'>1$ の値をとると左側の円が作られる.

5.4 1次変換とシュバルツ-クリストッフェル変換

$$\frac{|z-a|}{|z+a|}=\frac{r_1'}{r_2'} \tag{5.43}$$

しかしこの方法だと 2 つの円の半径を決めると，2 円の相対距離も決まってしまう．このため任意の位置におかれた 2 つの円は (5.42), (5.43) 式の 2 式で表すことができないように思われる．

しかし考えてみると，右側の円を表す変数の組合せ (r_1, r_2, a) は 1 通りではない．したがってたとえば a の値を適当に調節すれば，(5.42), (5.43) 式により，ちょうど 2 円を表すことができる．具体的には以下のようにすればよい．

変数 $(r_1, r_2, r_1', r_2', a)$ の組が与えられると，2 つの円の半径はそれぞれ

$$R=\frac{2ar_1r_2}{|r_2^2-r_1^2|}, \qquad R'=\frac{2ar_1'r_2'}{|r_2'^2-r_1'^2|} \tag{5.44}$$

である．また 2 円の中心間の距離 d は

$$d=a\frac{r_2^2+r_1^2}{r_2^2-r_1^2}-a\frac{r_2'^2+r_1'^2}{r_2'^2-r_1'^2} \tag{5.45}$$

と表される．そのため，R, R', d が与えられたときには (5.44), (5.45) 式を逆に解いて，$r_1/r_2, r_1'/r_2, a$ を求めればよい．

このように準備したうえで図 5.10 の場合の静電ポテンシャルを求めてみよう．1 次変換の写像 $\omega'=(z-a)/(z+a)$ を考えると，右側の円 (半径 R) は (5.42) 式が成立するから，ω' 平面では $|\omega'|=r_1/r_2$ となり，半径 r_1/r_2 の円に写像される．同様に左側の円は ω' 平面の半径 r_1'/r_2' の円に写像される (図 5.10(b))．次に ω' 平面の 2 つの円を

$$\omega=-\log \omega'$$

という写像で変換すると，

$$u=-\log\frac{r_1}{r_2}, \qquad u=-\log\frac{r_1'}{r_2} \tag{5.46}$$

という 2 つの直線に写像される．この合成写像を考えれば，図 5.10(a) の 2 つの円の円周上の座標 (x,y) に対して，$u(x,y)$ が一定値 $-\log r_1/r_2$ または $-\log r_1'/r_2$ を持つことになるので，$u(x,y)$ が求めるべき静電ポテンシャルであることがわかる．具体的には $u(x,y)$ は，

$$\omega=-\log\omega'=-\log\frac{z-a}{z+a} \tag{5.47}$$

の実部なので

$$u(x, y) = -\log|z-a| + \log|z+a|$$
$$= -\log\sqrt{(x-a)^2+y^2} + \log\sqrt{(z+a)^2+y^2} \tag{5.48}$$

である．図5.10 (a) に等ポテンシャル面が示されている．

このように写像を何回かくり返して，$u=$ 一定という直線に写像する方法は，しばしば行われる．とくにリーマンの写像定理という基本的な定理があって，それによると任意の単連結な領域は単位円の内部に写像できることが証明される．

もう1つ特徴的な写像がある．微分方程式

$$\frac{d\omega}{dz} = c(z-a_1)^{(\alpha_1/\pi)-1}(z-a_2)^{(\alpha_2/\pi)-1}\cdots(z-a_n)^{(\alpha_n/\pi)-1} \tag{5.49}$$

を満たすような変換 $\omega=f(z)$ をシュバルツ-クリストッフェル (Schwarz-Christoffel) 変換という．これは境界が多角形であるようなポテンシャル問題に使うことができる．たとえば $n=2$ で $\alpha_1=\alpha_2=\pi/2$ の簡単な場合で具体的に調べてみよう．この場合 (5.49) 式は

$$\frac{d\omega}{dz} = (z-a)^{-1/2}(z+a)^{-1/2} = (z^2-a^2)^{-1/2} \tag{5.50}$$

となる．この方程式を満たす ω は

$$\omega = \cosh^{-1}\frac{z}{a} + 積分定数 \tag{5.51}$$

である．積分定数は ω の原点をずらすだけなので0とすると，

$$z = a\cosh\omega \tag{5.52}$$

と書ける．ここでは ω 平面内の点が，z 平面のどこに写像されるかを調べることにする (z 平面から ω 平面への写像は逆の写像を考えればよい)．さらに

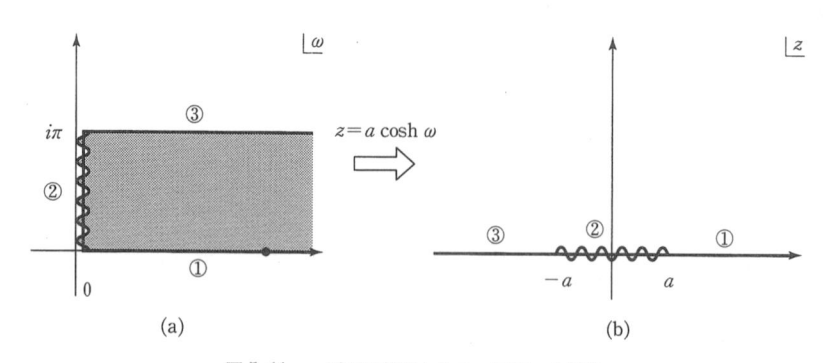

図5.11　w 平面の領域とその z 平面への写像

$\cosh(\omega+2\pi i)=\cosh\omega$, $\cosh(-\omega)=\cosh\omega$ が成立するので，図 5.11(a) のような ω 平面内の領域だけを考えれば十分である．この領域の境界は，① $\omega=u\geq 0$ (u は実数), ② $\omega=iv$ ($0\leq v\leq\pi$), ③ $\omega=u+i\pi$ ($u\geq 0$) の 3 つの線分である．それぞれ (5.52) 式に代入すると

① $\omega=u$ に対して $z=a\cosh u\geq a$ の半直線．
② $\omega=iv$ に対して $z=a\cos v$ なので $-a\leq z\leq a$ の線分．
③ $\omega=u+i\pi$ に対して $z=-a\cosh u\leq -a$ の半直線．

となっている (図 5.11(b))．つまり ω 平面内の多角形が，z 平面内の直線 (今

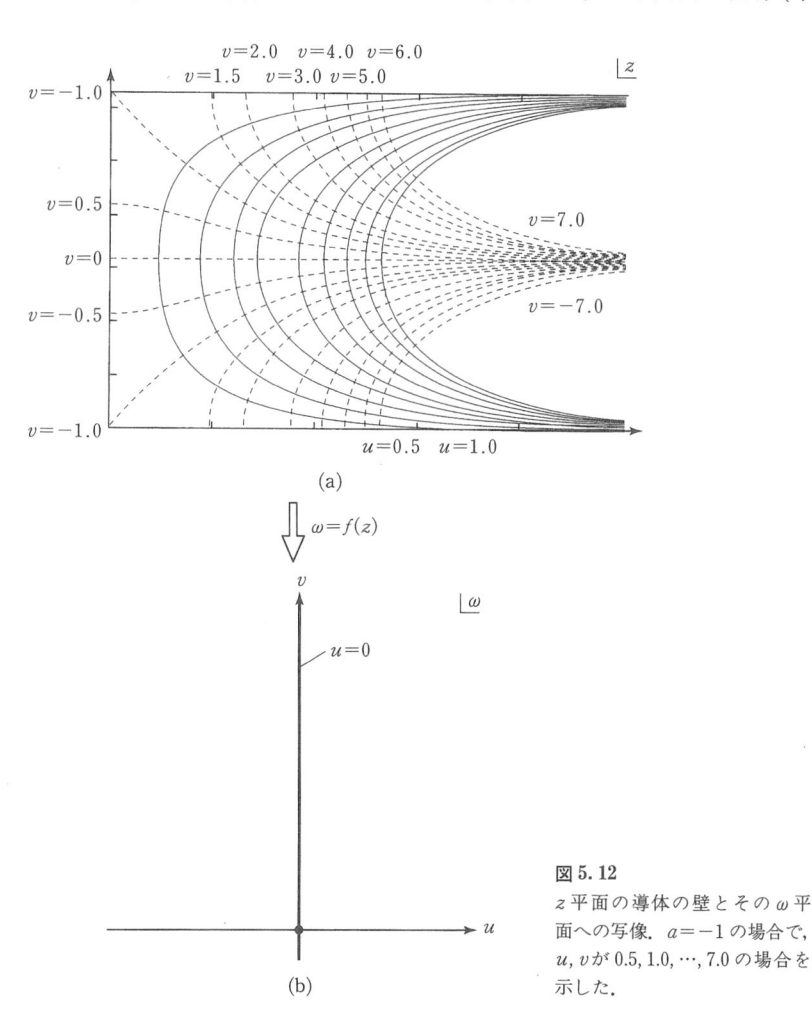

図 5.12
z 平面の導体の壁とその ω 平面への写像．$a=-1$ の場合で，u, v が $0.5, 1.0, \cdots, 7.0$ の場合を示した．

の例では実軸)に写像されることがわかる．

この写像をポテンシャル問題に応用するには，ω と z の立場を入れ替え虚数をつけておいて，

$$\omega = ia \cosh z \tag{5.54}$$

とすればよい．図 5.12 (a) のような導体の壁 (半無限の直方体) があるとすると，この壁は写像 (5.54) によって ω 平面内の虚軸に写される．つまり $u=0$ の直線に写像される．したがって (5.54) 式を $\omega = u + iv$ として $u(x,y)$ をポテンシャルと考えれば，図 5.12 (a) の導体の表面で $u(x,y)=0$ となる解が得られたことになる．具体的には $z = x + iy$ を (5.54) 式に代入して

$$\begin{aligned}
\omega &= ia \cosh(x+iy) \\
&= ia(\cosh x \cosh iy + \sinh x + \sinh iy) \\
&= ia(\cosh x \cos y + i \sinh x \sin y) \\
&= -a \sinh x \sin y + ia \cosh x \cos y
\end{aligned} \tag{5.55}$$

であるから，

$$u(x,y) = -a \sinh x \sin y \tag{5.56}$$

である．図 5.12 (a) に等ポテンシャル面と電気力線を示した．

この章の最後にもう少し複雑な場合を調べておこう．シュバルツ–クリストッフェル変換の一変形である

$$\frac{d\omega}{dz} = (z+a)^{(\alpha/\pi)-1}(z+b)^{(\beta/\pi)-1}(z-b)^{(\beta/\pi)-1}(z-a)^{(\alpha/\pi)-1} \tag{5.57}$$

$(a>b)$ の場合，z 平面の上半面 $(\mathrm{Im}\, z>0)$ が ω 平面でどのような領域に写像されるか考えてみよう．$z=0$ のとき $\omega=0$ であるとして (5.57) 式を積分すれば，

$$\omega = \int_0^z (\zeta+a)^{(\alpha/\pi)-1}(\zeta+b)^{(\beta/\pi)-1}(\zeta-b)^{(\beta/\pi)-1}(\zeta-a)^{(\alpha/\pi)-1} d\zeta \tag{5.58}$$

である．ただし積分路は分岐線を避けて図 5.13 (a) のようにとる．

z が実軸上を動き，$0<z<b$ の範囲では，$\zeta-a$ と $\zeta-b$ の偏角が π であることを考慮して，

$$\omega(z) = e^{i\pi\{(\beta/\pi)-1+(\alpha/\pi)-1\}} \int_0^z |\zeta^2 - a^2|^{(\alpha/\pi)-1} |\zeta^2 - b^2|^{(\beta/\pi)-1} d\zeta \quad (0<z<b) \tag{5.59}$$

である．右辺の ζ 積分は実数を与えるから $\omega(z)$ は偏角 $(\alpha+\beta-2\pi)$ で絶対値が 0 から $\int_0^b |\zeta^2 - a^2|^{(\alpha/\pi)-1} |\zeta^2 - b^2|^{(\beta/\pi)-1} d\zeta$ まで増加する．$z=b$ のときの値を $\omega(b)$ と書く．

5.4 1次変換とシュバルツ-クリストッフェル変換

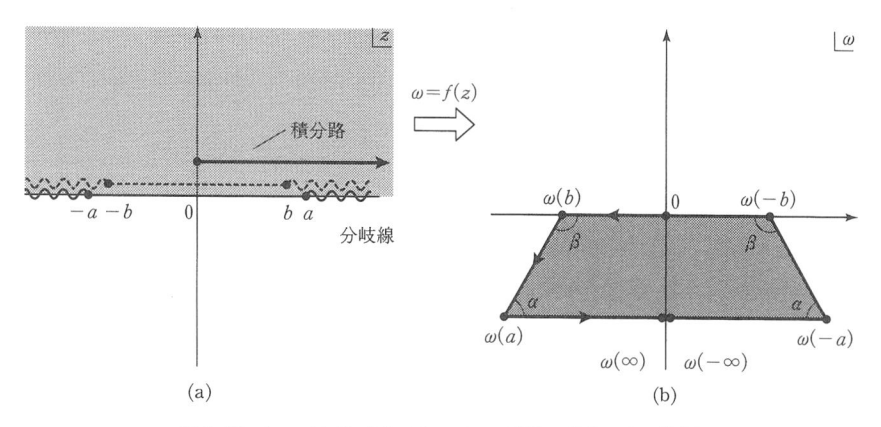

図 5.13 シュバルツ-クリストッフェル変換の例 ($n=4$ の場合)

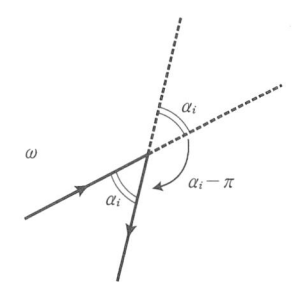

図 5.14 内角 a_i の頂点

次に z が $b<z<a$ の範囲に入ると，$\omega(z)$ は

$$\omega(z)=\omega(b)+e^{i\pi\{(\alpha/\pi)-1\}}\int_b^z|\zeta^2-a^2|^{(\alpha/\pi)-1}|\zeta^2-b^2|^{(\beta/\pi)-1}d\zeta \quad (b<z<a) \quad (5.60)$$

となる．さらに z が $a<z$ になると

$$\omega(z)=\omega(a)+\int_a^z|\zeta^2-a^2|^{(\alpha/\pi)-1}|\zeta^2-b^2|^{(\beta/\pi)-1}d\zeta \quad (5.61)$$

である．$\alpha=\pi/4$，$\beta=(3/4)\pi$ の場合に得られる $\omega(z)$ を書いたものが図 5.13 (b) である ($\omega(\infty)$ と $\omega(-\infty)$ が一致するかどうかについては演習問題 5.8)．z 平面の上半面は ω 平面での多角形内に写像されていることがわかる．また z が $b,a,-b,-a$ などを横切るたびに写像 ω の方向が変わる．そのときの内角が角 α または β となっている．

一般のシュバルツ-クリストッフェル変換 (5.49) では z が a_i を横切るたび

に写像 ω の方向が変わり，そのときの内角が α_i になる．たとえば z が実数で $z > a_i$ のときに $(z-a_i)^{(\alpha_i/\pi)-1}$ の偏角が0であったとする．$z < a_i$ になったとき，特異点 $z = a_i$ の上側をまわっていくと $(z-a_i)$ の偏角が π となるので

$$(z-a_i)^{(\alpha_i/\pi)-1} = |z-a_i|^{(\alpha_i/\pi)-1}(e^{i\pi})^{(\alpha_i/\pi)-1} = |z-a_i|^{(\alpha_i/\pi)-1} e^{i(\alpha_i-\pi)} \quad (5.62)$$

となる．これに応じて ω の偏角が $\alpha_i - \pi$ だけ変化する．このとき他の因子

$$(z-a_j)^{(\alpha_j/\pi)-1} \quad (j \neq i)$$

の偏角は変わらない．したがって図5.14に示したように内角 α_i の頂点ができることがわかる．

演習問題

5.1 例2の写像 $\omega = 1/z$ に対して，z 平面内で x 軸に垂直な直線と，y 軸に垂直な直線が，それぞれ円に写像されることを示し，中心と半径を求めよ．

5.2 図5.5のポテンシャル問題を解くための写像を作り，$u(x,y)$ を求めよ．

5.3 図5.12の導体の表面での電場を求めよ．

5.4 図5.15のような頂点を持つ導体がある場合の静電ポテンシャルを求めよ．導体表面の各位置と頂点での電場の強さはいくらか．

5.5 図5.8を一様流 ϕ におかれた円柱の問題と考えたとき，円柱のまわりで速度が最大となる位置はどこか．またその点での速さは一様流の何倍か求めよ．

5.6 図5.16のような2つの円柱状の完全導体がそれぞれ $+V, -V$ の静電ポテンシャルを持つとき，導体外部のポテンシャル $u(x,y)$ を求め，電気力線を書け．

5.7 $\omega = f(z) = (z+1)^{1/2} + (z-1)^{1/2}$ のとき，ω 平面での原点を中心とする半径2の円は z 平面上でどのような図形に対応するか．また，ω 平面で原点を通り傾き45°の直線は z 平面上のどのような曲線に対応するか調べよ．

5.8 (5.57)式の変換（図5.13）で $\omega(\infty)$ と $\omega(-\infty)$ が一致することを示せ．

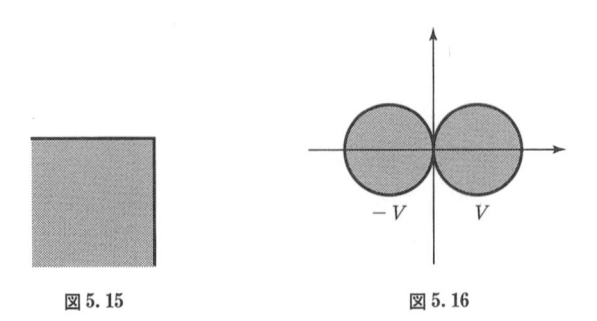

図5.15　　　　　　　　図5.16

6

ガンマ関数とベータ関数

6.1 ガンマ関数の解析的性質

第5章までに登場した複素関数は，$z^{1/2}, \exp z, \log z, \sin z$ などであり，実関数としてすでに知っているものを複素数に拡張したものが多かった．しかし，この第6章以降は，まったく新しい関数が続々と登場する．

その最初のものとして，この節では正の整数 n の階乗 (factorial)
$$n! \tag{6.1}$$
を複素数に拡張したガンマ関数 $\Gamma(z)$ を考える．あとで示すように $z=n$ のとき $\Gamma(n)=(n-1)!$ となる．このガンマ関数は1位の極を無限個持つ複素関数の例となっている．

何通りかの定義があるが，ここではまず Re $z>0$ において定義された関数
$$\Gamma(z) = \int_0^\infty e^{-t} t^{z-1} dt \qquad (\text{Re } z > 0) \tag{6.2}$$
から出発しよう(オイラーの公式)．複素数 $z=x+iy$ に対して，$t^z = e^{z \ln t} = e^{(x+iy)\ln t}$ だから，$|t^z|=|t^x|$ であることを用いると
$$|\Gamma(z)| \leq \int_0^\infty e^{-t} |t^{z-1}| dt = \int_0^\infty e^{-t} t^{x-1} dt$$
となる．したがって $x>0$ (つまり Re $z>0$) であれば，右辺の積分の下端 ($t\to 0$) での積分値は収束する．さらに $\Gamma(z)$ は Re $z>0$ の領域で正則であることも示すことができる．

さて，Re $z>1$ のときに (6.2) を部分積分すると
$$\begin{aligned}\Gamma(z) &= -e^{-t} t^{z-1} \Big|_0^\infty + \int_0^\infty e^{-t}(z-1)t^{z-2} dt \\ &= (z-1)\Gamma(z-1)\end{aligned} \tag{6.3}$$
が得られる．したがって z が2以上の整数 n ならば，(6.3)式をくり返し用いて

$$\Gamma(n)=(n-1)\Gamma(n-1)=(n-1)(n-2)\Gamma(n-2)=\cdots=(n-1)!\Gamma(1)$$

が成立する. $\Gamma(1)$ は定義から

$$\Gamma(1)=\int_0^\infty e^{-t}dt=1 \tag{6.4}$$

なので

$$\Gamma(n)=(n-1)! \tag{6.5}$$

が得られる. したがってガンマ関数 $\Gamma(z)$ は $(n-1)!$ の整数 n を複素数 z に拡張したものであることがわかる.

$\mathrm{Re}\,z\leq 0$ の領域での $\Gamma(z)$ は, まだ定義されていない. この領域では (6.2) 式の代わりに, (6.3) 式の漸化式がいつでも成り立つように $\Gamma(z)$ を定義することにする. まず $-1<\mathrm{Re}\,z<0$ の領域では

$$\Gamma(z)=\frac{1}{z}\Gamma(z+1) \tag{6.6}$$

という式を $\Gamma(z)$ の定義とする. 右辺は (6.2) 式によってすでに定義されている. 同様に $-2<\mathrm{Re}\,z<-1$ の領域では

$$\Gamma(z)=\frac{1}{z}\Gamma(z+1)=\frac{1}{z(z+1)}\Gamma(z+2) \tag{6.7}$$

を $\Gamma(z)$ の定義式とする. このようにして順次 $\mathrm{Re}\,z<0$ の領域での $\Gamma(z)$ を定義していくことができる.

このようにして定義された関数は, $\mathrm{Re}\,z>0$ の領域で定義された (6.2) 式の関数 $\Gamma(z)$ を解析接続して得られる関数であることが以下のように示される (したがって一意的である).

証明 (6.6) 式や (6.7) 式で定義された関数は, $z=0, z=-1$ を除いて正則である. さらに $\mathrm{Re}\,z>0$ の領域では明らかに (6.2) 式で定義された $\Gamma(z)$ と一致する. この 2 つのことから, 解析接続によって作られた関数であることがわかる (一致の定理 (4.4 節) による).

(6.6) 式, (6.7) 式の定義からわかるように, $\mathrm{Re}\,z<0$ の領域では, $z=0$, $-1, -2, \cdots$ が $\Gamma(z)$ の特異点になっている. たとえば $z=0$ の特異点の性質を調べるために $\lim_{z\to 0} z\Gamma(z)$ を計算してみると

$$\lim_{z\to 0} z\Gamma(z)=\lim_{z\to 0} z\cdot\frac{1}{z}\Gamma(z+1)=\Gamma(1)=1 \tag{6.8}$$

となるから, $z=0$ は $\Gamma(z)$ の 1 位の極であり, 留数が 1 であることがわかる. 同様に $z=-n$ の特異点を調べると

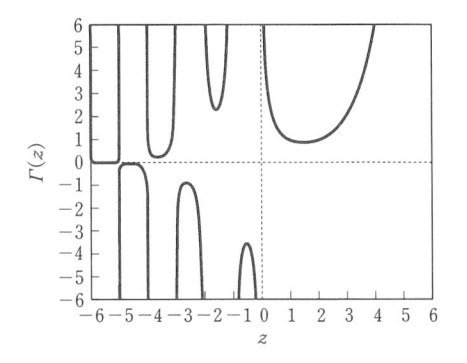

図 6.1 実軸上での $\Gamma(z)$

$$\begin{aligned}
\lim_{z\to -n}(z+n)\Gamma(z) &= \lim_{z\to -n}(z+n)\frac{1}{z(z+1)(z+2)\cdots(z+n)}\Gamma(z+n+1)\\
&= \frac{\Gamma(1)}{(-n)(-n+1)(-n+2)\cdots 1} \\
&= \frac{(-1)^n}{n!}
\end{aligned} \quad (6.9)$$

となるから,$z=-n$ も $\Gamma(z)$ の 1 位の極であり,留数は $(-1)^n/n!$ である.

最後に,1 以上の整数 n に対して $\Gamma(n+1/2)$ を求めると

$$\Gamma\!\left(n+\frac{1}{2}\right)=\frac{(2n-1)!!}{2^n}\Gamma\!\left(\frac{1}{2}\right)$$

が得られる (演習問題 6.1).ここで $(2n-1)!!=(2n-1)(2n-3)(2n-5)\cdots 5\cdot 3\cdot 1$ である.さらに

$$\Gamma\!\left(\frac{1}{2}\right)=\sqrt{\pi} \quad (6.11)$$

となる (演習問題 6.2).

z が実数軸上の場合のガンマ関数を図 6.1 に示した.

6.2 無限乗積表示

ガンマ関数 $\Gamma(z)$ は以下に示すように無限乗積によって表現することもできる.まず指数関数の表示

$$e^{-t}=\lim_{n\to\infty}\left(1-\frac{t}{n}\right)^n \quad (6.12)$$

を (6.2) 式の $\Gamma(z)$ の定義式に代入すると

$$\Gamma(z) = \lim_{n\to\infty} \int_0^n \left(1-\frac{t}{n}\right)^n t^{z-1} dt \tag{6.13}$$

と書ける*1). 右辺の積分を部分積分によって変形していくと

$$\begin{aligned}
\int_0^n \left(1-\frac{t}{n}\right)^n t^{z-1} dt &= \left(1-\frac{t}{n}\right)^n \frac{t^z}{z}\bigg|_0^n + \frac{1}{z}\int_0^n \left(1-\frac{t}{n}\right)^{n-1} t^z dt \\
&= \frac{1}{z}\left\{\left(1-\frac{t}{n}\right)^{n-1}\frac{t^{z+1}}{z+1}\bigg|_0^n + \frac{1}{z(z+1)}\frac{n-1}{n}\int_0^n \left(1-\frac{t}{n}\right)^{n-2} t^{z+1} dt\right\} \\
&\cdots \\
&= \frac{(n-1)!}{z(z+1)\cdots(z+n-1)n^{n-1}}\int_0^n t^{z+n-1} dt \\
&= \frac{(n-1)!\, n^{z+1}}{z(z+1)\cdots(z+n)}
\end{aligned}$$

が得られる. したがって

$$\Gamma(z) = \lim_{n\to\infty} \frac{n!\, n^z}{z(z+1)\cdots(z+n)} \tag{6.14}$$

さらに n が大きいとき $n/(z+n) \to 1$ となるので

$$\Gamma(z) = \lim_{n\to\infty} \frac{(n-1)!\, n^z}{z(z+1)\cdots(z+n-1)} \tag{6.14'}$$

が成立する. これらの表式をガウス (Gauss) の公式という.

さらに $(n-1)!$ の部分を整理すると次のようにも表現される.

$$\begin{aligned}
\Gamma(z) &= \lim_{n\to\infty} \frac{n-1}{z+n-1}\frac{n-2}{z+n-2}\cdots\frac{2}{z+2}\frac{1}{z+1}\frac{n^z}{z} \\
&= \lim_{n\to\infty} \frac{n^z}{z} \prod_{m=1}^{n-1} \frac{1}{1+z/m}
\end{aligned} \tag{6.15}$$

ここで恒等式

$$n^z = \left(\frac{n}{n-1}\frac{n-1}{n-2}\cdots\frac{2}{1}\right)^z = \prod_{m=1}^{n-1}\left(\frac{m+1}{m}\right)^z = \prod_{m=1}^{n-1}\left(1+\frac{1}{m}\right)^z$$

を (6.15) 式に代入すると

$$\Gamma(z) = \frac{1}{z} \prod_{m=1}^{\infty} \left(1+\frac{1}{m}\right)^z \frac{1}{1+z/m} \tag{6.16}$$

という無限乗積表示が得られる. これをオイラーの公式という. この無限乗積の収束は一様収束であることが証明されている.

ここで (6.16) 式は, $\mathrm{Re}\,z>0$ で定義された (6.2) 式から導き出されたものであるが, 解析接続の考え方から $\mathrm{Re}\,z\leq 0$ の領域でも同じ関数形であると考え

---

*1) 0から∞までの積分と $n\to\infty$ の極限の順序を入れ替えるときには注意が必要であるが, (6.13) 式が成り立つことが証明される.

てよい（一致の定理）．(6.16) 式の右辺から明らかなように，$\Gamma(z)$ は $z=0, -1, -2, \cdots$ で1位の極を持つ．

次に $1/\Gamma(z)$ に対する無限乗積を導出しよう．(6.15) 式に現れた n^z は $e^{z\log n}$ と書き換えられるが，少し工夫して

$$n^z = e^{z\log n} = \left(\prod_{m=1}^{n} e^{z/m}\right) e^{-z(1+1/2+1/3+\cdots+1/n - \log n)}$$

としてみよう．ここで

$$\lim_{n\to\infty}\left(1 + \frac{1}{2} + \frac{1}{3} + \cdots + \frac{1}{n} - \log n\right) \tag{6.17}$$

という極限は収束することが知られていて，極限値は

$$\gamma = 0.57721566\cdots \tag{6.18}$$

というオイラー数（無理数）になる[*2]．この n^z の式を (6.15) 式に代入すると

$$\Gamma(z) = \frac{1}{z} e^{-\gamma z} \prod_{m=1}^{\infty} \frac{e^{z/m}}{1 + z/m} \tag{6.19}$$

となり，逆数をとるとワイエルシュトラス (Weierstrass) の公式

$$\frac{1}{\Gamma(z)} = z e^{\gamma z} \prod_{m=1}^{\infty} \left(1 + \frac{z}{m}\right) e^{-z/m} \tag{6.20}$$

が得られる．この無限乗積から $1/\Gamma(z)$ は正則であることがわかる．したがって $\Gamma(z)=0$ となることはない（$\Gamma(z)$ の零点は存在しない）．

これらの無限乗積表示を用いていくつかの公式を導出しよう．(6.19) 式から

$$\Gamma(z)\Gamma(-z) = -\frac{1}{z^2} \prod_{m=1}^{\infty} \frac{1}{(1+z/m)(1-z/m)}$$

が得られる．右辺の無限乗積は 4.5 節で導かれた $\sin z$ の無限乗積表示（(4.59) 式）と比較すると，$\sin \pi z$ の逆数を用いて書き表されることがわかる．さらに $\Gamma(1-z) = -z\Gamma(-z)$ を用いると

$$\Gamma(z)\Gamma(1-z) = \frac{\pi}{\sin \pi z} \tag{6.21}$$

という有名な公式が得られる（この式で $z=1/2$ を代入すれば $\Gamma(1/2) = \sqrt{\pi}$ が直ちに求まる）．

[*2] オイラー数は

$$\gamma = \int_0^\infty e^{-t}\left(\frac{1}{1-e^{-t}} - \frac{1}{t}\right)dt = -\int_0^\infty e^{-t}\log t\, dt$$

とも表される（演習問題 6.7）．第2式から第3式へ変形するには，第1項で $1-e^{-t}=s$ と変換するとよい．

(6.21)式左辺のうち $\Gamma(z)$ は $z=0, -1, -2, \cdots$ で1位の極を持ち，$\Gamma(1-z)$ は $1-z=0, -1, -2, \cdots$，つまり $z=1, 2, 3, \cdots$ で1位の極を持つ．したがって $\Gamma(z)\Gamma(1-z)$ という積は，z が任意の整数のときに1位の極を持ち，留数が $(-1)^n$ であることがわかる．(6.21)式右辺の $\pi/\sin(\pi z)$ は，もちろんこの性質を持っている．

(6.21)式と(6.2)式から，$1/\Gamma(z)$ の積分表示，

$$\frac{1}{\Gamma(z)} = \frac{\sin \pi z}{\pi} \Gamma(1-z) = \frac{\sin \pi z}{\pi} \int_0^\infty e^{-t} t^{-z} dt \tag{6.22}$$

が得られる．

6.3 ハンケル表示

次に複素積分の形で $\Gamma(z)$ を表現する方法を示しておこう．7章以降で現れる特殊関数に対しても同様の表現をしばしば用いる．ここでは一例として，図6.2の積分路 C_A を用いて

$$\Gamma(z) = -\frac{1}{2i \sin \pi z} \int_{C_A} e^{-t} (e^{-i\pi} t)^{z-1} dt \qquad (z \neq 整数) \tag{6.23}$$

と書けることを示そう．これをハンケル(Hankel)表示という．

(6.23)式の被積分関数には t^{z-1} という複素関数が含まれている．第1章で述べたように，このようなべき乗の関数を扱う際には，リーマン面を考えなければならない．図6.2は複素数 t の平面であるが，$\mathrm{Re}\, t > 0, \mathrm{Im}\, t = 0$ の実軸上に分岐線が入っており，積分路 C_A は一番上のリーマン面上を走っていること

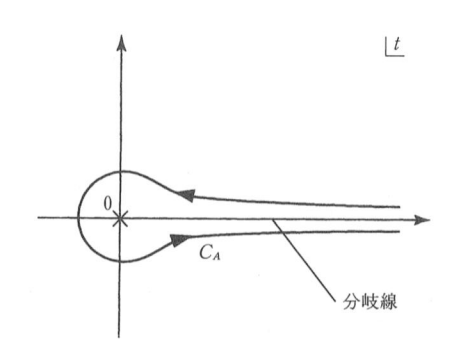

図6.2 ハンケル表示(6.23)式の積分路
複素数 t の平面で $\mathrm{Re}\, t > 0, \mathrm{Im}\, t = 0$ の実軸上に分岐線が入っている．

にしてある．

　実軸の正の向きから反時計回りに偏角を定義すると，C_A の出発点では偏角が 0 であるが，C_A の終点では偏角が 2π となるので

$$t^{z-1}=e^{2\pi i(z-1)}|t|^{z-1} \tag{6.24}$$

となることに注意しなければならない．このことを用いて (6.23) 式右辺の積分路を 2 つに分割して整理すると（Re $z>0$ のとき）

$$-\frac{1}{2i\sin \pi z}\left(\int_\infty^0 e^{-t}e^{-i\pi(z-1)}t^{z-1}dt+\int_0^\infty e^{-t}e^{i\pi(z-1)}t^{z-1}dt\right)$$

$$=\frac{-e^{-i\pi z}+e^{+i\pi z}}{2i\sin \pi z}\int_0^\infty e^{-t}t^{z-1}dt$$

$$=\int_0^\infty e^{-t}t^{z-1}dt$$

となり，(6.2) 式の $\Gamma(z)$ の定義と一致する（ここで Re $z>0$ の場合，$t=0$ での留数が 0 となるので，原点近傍を 1 周する部分の積分の寄与は 0 になることを用いた）．

　(6.23) 式のハンケル表示は，整数を除く複素平面上のすべての z について $\Gamma(z)$ が定義されており便利である．

　(6.23) 式と 6.2 節の (6.21) 式を組み合わせると，

$$\frac{1}{\Gamma(z)}=\frac{i}{2\pi}\int_{C_A}e^{-t}(e^{-i\pi}t)^{-z}dt \tag{6.25}$$

と書けることがわかる．

6.4　漸近展開と鞍点法

　z が $z=x+1$ という実数で，$x\gg 1$ の場合に $\Gamma(x+1)$ の近似値が

$$\Gamma(x+1)\cong\sqrt{2\pi}x^{x+1/2}e^{-x} \tag{6.26}$$

となることを示そう．この公式はスターリング (Stirling) の公式と呼ばれており，物理学，特に統計力学でしばしば用いられる．

　ガンマ関数の定義 (6.2) 式で $t=x\tau$ と変数変換すると

$$\Gamma(x+1)=x^{x+1}\int_0^\infty e^{-x(\tau-\log \tau)}d\tau \tag{6.27}$$

となる．ここで t から τ へ変数変換したのは，指数関数の肩において，大きな数 x がくくり出せるようにするためである．x が非常に大きい場合，関数

$$e^{-x(\tau-\log\tau)}$$

は，$\tau-\log\tau$ が最小値をとるときに最大となり，τ がその値からずれると急激に小さくなる．被積分関数がこのような性質を持つとき，積分 (6.27) 式の近似値を精度よく求めることができる．この方法はあとで述べる鞍点法 (saddle point method) の一種である．

実際 $\tau-\log\tau$ は $\tau=1$ で最小値 1 をとる．$\tau=1$ のまわりでテイラー展開すると

$$\tau-\log\tau=1+\frac{1}{2}(\tau-1)^2-\frac{1}{3}(\tau-1)^3+\frac{1}{4}(\tau-1)^4+\cdots \quad (6.28)$$

となる．積分 (6.27) を厳密に求めるには，テイラー展開のすべての項を代入して計算しなければならないが，今の場合 τ が 1 からずれると被複分関数が急激に小さくなるので，(6.28) 式の第 2 項まで残して，後の項を無視する近似を行う（$(\tau-1)^3$ などの項が大きくなるころには，複積分関数はすでに非常に小さくなっているので，結果の変更が必要であるとしても，ごくわずかの変更しか生じない）．

この考え方によって，積分 (6.27) の近似値として，

$$\begin{aligned}\Gamma(x+1) &\cong x^{x+1}\int_0^\infty e^{-x(1+(1/2)(\tau-1)^2)}d\tau \\ &\cong x^{x+1}e^{-x}\int_{-\infty}^\infty e^{-(x/2)(\tau-1)^2}d\tau \\ &= \sqrt{2\pi}\,x^{x+1/2}e^{-x} \quad \text{(スターリングの公式)}\end{aligned} \quad (6.29)$$

を得る．ここで 2 行目の式に移るときに積分の下限を $-\infty$ に変更したが，これも複積分関数が $\tau<0$ の領域では非常に小さくなっているという性質を利用している．

$x=n$（整数）の場合には，$\Gamma(n+1)=n!$ であるから，

$$n! \cong \sqrt{2\pi}\,n^{n+1/2}e^{-n} \quad (6.30)$$

が成り立ち，両辺の対数をとると

$$\log(n!) \cong \left(n+\frac{1}{2}\right)\log n - n + \log\sqrt{2\pi} \quad (6.31)$$

が得られる．

ここで，(6.28) 式のテイラー展開の高次の項が与える補正を調べておこう．たとえば (6.28) 式の $(\tau-1)^4$ の項まで残して

$$\Gamma(x+1) \cong x^{x+1}e^{-x}\int_{-\infty}^{\infty}e^{-(x/2)\tau^2+(x/3)\tau^3-(x/4)\tau^4}d\tau$$

$$\cong x^{x+1}e^{-x}\int_{-\infty}^{\infty}e^{-(x/2)\tau^2}\Big(1+\frac{x}{3}\tau^3-\frac{x}{4}\tau^4+\frac{1}{2}\Big(\frac{x}{3}\tau^3-\frac{x}{4}\tau^4\Big)^2+\cdots\Big)d\tau$$

としてみる．右辺のガウス積分を実行すると，$1/x$ のべき乗の展開となっていることがわかり，

$$\Gamma(x+1) \cong \sqrt{2\pi}x^{x+1/2}e^{-x}\Big(1+\frac{1}{12x}+\cdots\Big) \tag{6.32}$$

となる (演習問題 6.8)．さらに詳しい計算によると

$$\Gamma(x+1) \cong \sqrt{2\pi}x^{x+1/2}e^{-x}\Big(1+\frac{1}{12x}+\frac{1}{288x^2}-\frac{139}{51840x^3}-\cdots\Big) \tag{6.33}$$

が得られている．

実は (6.33) 式右辺の展開は，無限級数としては収束しないということがわかっている．しかしこの展開は漸近展開と呼ばれるもののひとつであり，別の意味で (別の極限操作のもとで) $\Gamma(x+1)$ の正しい近似となっている ($\cong$ という記号は，この漸近展開であることを示すとする)．

無限級数が収束するとは，

$$S_N(x) = \sum_{n=0}^{N}\frac{a_n}{x^n} \tag{6.34}$$

とおいたときに，$\lim_{N\to\infty}S_N(x)$ が存在するということである．これに対して漸近展開とは，N を固定しておいて x を大きくしたときの問題である．具体的には，ある N に対して

$$f(x) - S_N(x) \tag{6.35}$$

の誤差が C_N/x^N または，それ以下になっている場合をいう．たとえば (6.33) 式の漸近展開で，右辺 ( ) 内の第 2 項までで止めてしまった式を用いても，誤差

$$\Gamma(x+1) - \sqrt{2\pi}x^{x+1/2}e^{-x}\Big(1+\frac{1}{12x}\Big)$$

は，x を大きくすればいくらでも小さい値になるということを意味する．

逆に，漸近展開において，x を止めておいて N を大きくしていくと，$f(x)$ と $S_N(x)$ の誤差 C_N/x^N は $C_N \to \infty$ となって発散してしまう．さらに詳しく N 依存性を述べると以下のようになっている．わりと大きな値の x を固定して N を順に大きくしていくと，はじめのうちは誤差 $f(x)-S_N(x)$ は小さくな

るが，やがて $N=N_0$ (N_0 は x に依存する) で誤差が最小となり，さらに N を大きくしていくと誤差は再び大きくなっていってしまう．

物理学では，x を固定して N を大きくすることはなく，N を適当なところで止めた近似式を用いて x が大きな値の問題を議論するので，漸近展開 (6.33) 式を用いても問題はない．実際にスターリングの公式を使うときは，(6.33) 式右辺の第 1 項目までで止めてしまった (6.29) 式を用いることが多い．よく使うのは，$x \sim 10^{23}$ というアボガドロ数程度の巨大な数の場合であるが，この場合誤差は非常に小さく，ほぼ厳密な関係式と考えてよい．表 6.1 に，(6.29) 式の最も単純なスターリングの公式を用いた $\log \Gamma(n+1) = \log n!$ の値と，厳密な値とを比較した．

上記の積分の評価方法を複素積分の場合に拡張したものが鞍点法である．こ

表 6.1

n	$\log(n!)$	$\log(\sqrt{2\pi}\, n^{n+1/2} e^{-n})$	相対誤差 (%)
1	0.0000000	-0.0810615	—
2	0.6931472	0.6518065	5.9642017
3	1.7917595	1.7640815	1.5447344
4	3.1780538	3.1572632	0.6541951
5	4.7874917	4.7708471	0.3476704
6	6.5792512	6.5653751	0.2109074
7	8.5251614	8.5132647	0.1395482
8	10.6046029	10.5941916	0.0981769
9	12.8018275	12.7925720	0.0722980
10	15.1044126	15.0960820	0.0551532
15	27.8992714	27.8937167	0.0199100
20	42.3356165	42.3314501	0.0098412
25	58.0036052	58.0002721	0.0057465
30	74.6582363	74.6554587	0.0037205
40	110.3206397	110.3185564	0.0018884
50	148.4777670	148.4761003	0.0011225
60	188.6281734	188.6267845	0.0007363
70	230.4390436	230.4378531	0.0005166
100	363.7393756	363.7385422	0.0002291
200	863.2319872	863.2315705	0.0000483
300	1414.9058499	1414.9055722	0.0000196
400	2000.5006980	2000.5004896	0.0000104
500	2611.3304585	2611.3302918	0.0000064
1000	5912.1281785	5912.1280952	0.0000014

6.4 漸近展開と鞍点法

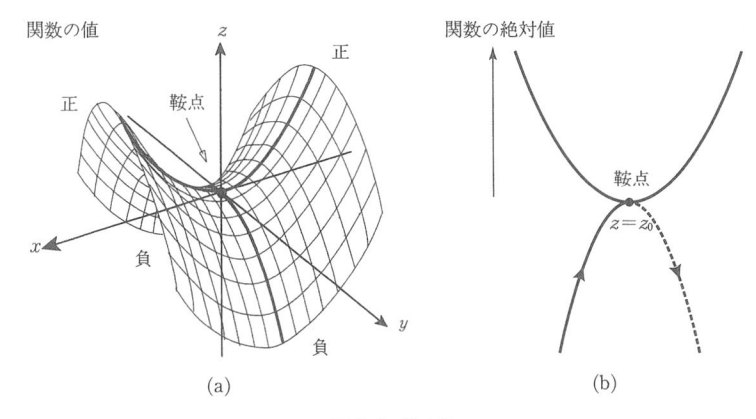

図 6.3 鞍点法

(a) 関数の値／正／鞍点／正／負／負／x／y／z
(b) 関数の絶対値／鞍点／$z=z_0$

の方法は第 7 章以降出てくる複素積分で表された関数の近似値，または $|z|$ が大きいときの漸近形を求めるときに有効に用いられる．

ガンマ関数の (6.27) 式の場合には，τ (実数) の積分において，被積分関数が急激に変化する場所を選ぶことができたが，一般の複素積分の経路上では，そのように都合のよい点があるとは限らない．しかし複素積分の場合には，関数が正則である領域内で積分路を自由に変更してかまわないから，この性質を利用して最も都合のよい経路に変更して積分を評価することができる．この方法を鞍点法という．具体的には図 6.3 のように関数の絶対値が鞍点 (峠のところ) になっている地点を見出して，図中の経路のように最大勾配の積分路を選ぶことになる (あとで示すように，単純に極大となる点は存在しない)．一般に鞍点に向かう方向が複素平面上でどちらの方向になるかは，被積分関数に依存する．ガンマ関数の場合は，たまたまその方向が実軸に沿ったものだったのである．

もう少し具体的に示そう．x が大きい実数のときに

$$\int_C e^{xf(z)} g(z) dz \tag{6.36}$$

という複素積分の値を評価することを考える．まず積分路 C を変更して鞍点を通るようにする．鞍点の位置は傾きが 0 の点であるから，$f'(z_0)=0$ となる点 z_0 を見つければよい．

$z=z_0$ 近傍で $f(z)$ テイラー展開すると

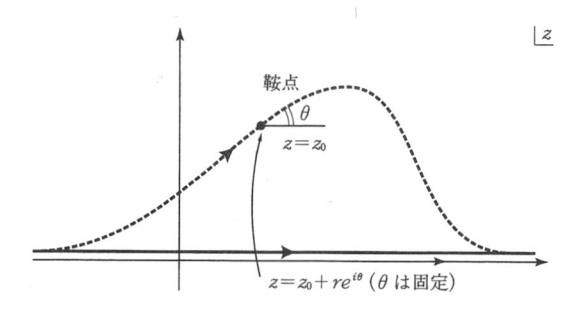

図 6.4 鞍点で都合よく通過するような積分路の変更

$$f(z)=f(z_0)+\frac{1}{2!}f''(z_0)(z-z_0)^2+\frac{1}{3!}f'''(z_0)(z-z_0)^3+\cdots \quad (6.37)$$

となる．$z=z_0+re^{i\theta}$ とおき，$(1/2)f''(z_0)=ae^{i\varphi}$ とおくと，

$$f(z)=f(z_0)+ar^2e^{i\varphi+2i\theta}+\cdots \quad (6.38)$$

である．$(1/2)f''(z_0)$ の偏角 φ は決まっているが，積分路は自由に変更できるので θ を適当な値に選ぶことができる（図6.4）．θ は鞍点 z_0 へ接近する角度である．今，θ を

$$\varphi+2\theta=\pi \quad (6.39)$$

となるように選べば，(6.38)式の右辺第2項は $-ar^2$ となるので被積分関数中の $e^{xf(z)}$ は $e^{xf(z_0)-xar^2}$ となり，ガンマ関数の場合と同じような関数になる．鞍点付近の複素積分は r を変数とした積分に変更できるから，(6.36) 式は

$$\int_{-\infty}^{\infty}e^{xf(z_0)-xar^2}\{g(z_0)+g'(z_0)re^{i\theta}+\cdots\}e^{i\theta}dr$$

と近似できる．積分は (6.29) 式のようにガウス積分で計算できるので結局

$$e^{xf(z_0)}g(z_0)e^{i\theta}\sqrt{\frac{\pi}{ax}} \quad (6.40)$$

が得られる．

最後に $z=z_0$ が鞍点であることを確かめておこう．今用いた経路と直角の方向は，偏角 θ が $\pi/2$ 異なる方向である．このとき，$\varphi+2\theta=2\pi$ となるから，(6.38)式の右辺第2項は $+ar^2$ となる．つまりこの方向では被積分関数は r が増えると大きくなる．このことから $f'(z_0)=0$ となる点 z_0 の近傍は，必ず鞍点になっていて極大や極小にはならないことがわかる．

6.5 ベータ関数

ベータ関数 $B(x, y)$ を

$$B(x, y) = \int_0^1 t^{x-1}(1-t)^{y-1} dt \tag{6.41}$$

で定義する．積分の両端で収束するためには，Re $x>0$, Re $y>0$ でなくてはならない．

$t = \sin^2 \theta$ と変数変換すると，$dt = 2 \sin \theta \cos \theta d\theta$ であるから，

$$B(x, y) = 2 \int_0^{\pi/2} \sin^{2x-1} \theta \cos^{2y-1} \theta d\theta \tag{6.42}$$

と書ける．

ベータ関数とガンマ関数は密接に関係しており，

$$B(x, y) = \frac{\Gamma(x)\Gamma(y)}{\Gamma(x+y)} \tag{6.43}$$

という有名な関数がある．実際に分子の $\Gamma(x)\Gamma(y)$ に積分による定義 (6.2) 式を代入して変形していくと

$$\Gamma(x)\Gamma(y) = \int_0^\infty e^{-t} t^{x-1} dt \int_0^\infty e^{-s} y^{s-1} ds$$

$$= 4 \int_0^\infty e^{-t^2} t^{2x-1} dt \int_0^\infty e^{-s^2} s^{2y-1} ds$$

ここで (s, t) の2重積分を2次元の極座標の積分に変更すると

$$\Gamma(x)\Gamma(y) = 4 \int_0^\infty r dr \int_0^{\pi/2} e^{-r^2} (r \sin \theta)^{2x-1} (r \cos \theta)^{2y-1} d\theta$$

$$= 2 B(x, y) \int_0^\infty e^{-r^2} r^{2x+2y-1} dr$$

$$= \Gamma(x+y) B(x, y)$$

であり，(6.43) 式が示された．

また，(6.43) 式の関係式から

$$B(x, y+1) = \frac{\Gamma(x)\Gamma(y+1)}{\Gamma(x+y+1)} = \frac{\Gamma(x) \cdot y\Gamma(y)}{(x+y)\Gamma(x+y)} = \frac{y}{x+y} B(x, y) \tag{6.44}$$

という漸化式が得られる．

ベータ関数に帰着される定積分は多い．たとえば

$$\int_0^{\pi/2} \sin^n \theta d\theta \tag{6.45}$$

は，(6.42)式を用いると $(1/2)B(n/2+1/2, 1/2)$ であるが，具体的な値を求めるには公式 (6.43) を用いてガンマ関数にするとよい．実際

$$\frac{1}{2}B\left(\frac{n}{2}+\frac{1}{2}, \frac{1}{2}\right) = \frac{1}{2}\frac{\Gamma(n/2+1/2)\Gamma(1/2)}{\Gamma(n/2+1)}$$

であるから，もし n が偶数なら，$n/2$ が整数なので

$$\frac{\pi}{2^{n/2+1}}\frac{(n-1)!!}{(n/2)!}$$

n が奇数の場合は，$n/2+1/2$ が整数なので

$$\frac{2^{(n-1)/2}((n-1)/2)!}{n!!}$$

である．

6.6 ディガンマ関数

ガンマ関数の対数微分

$$\psi(z) = \frac{d}{dz}\log\Gamma(z) = \frac{\Gamma'(z)}{\Gamma(z)} \tag{6.46}$$

をディガンマ関数という．$\Gamma(z)$ に対して，ワイエルシュトラスの無限乗積表示を用いれば

$$\log\Gamma(z) = -\log z - \gamma z + \sum_{n=1}^{\infty}\left(\frac{z}{n} - \log\left(1+\frac{z}{n}\right)\right) \tag{6.47}$$

であるから，

$$\psi(z) = -\gamma - \frac{1}{z} + \sum_{n=1}^{\infty}\left(\frac{1}{n} - \frac{1}{z+n}\right) \tag{6.48}$$

となる．明らかに $\psi(z)$ は $z=0, -1, -2, \cdots$ に 1 位の極を持つ有理型関数である．

特に z が正の整数 n である場合には，無限級数の大部分は打ち消し合い

$$\psi(n) = 1 + \frac{1}{2} + \frac{1}{3} + \cdots + \frac{1}{n-1} - \gamma \qquad (n=2, 3, 4, \cdots) \tag{6.49}$$

となる．特に $\psi(1) = -\gamma$．

$\psi(z)$ の漸化式は $\Gamma(z)$ の漸化式 $\Gamma(z+1) = z\Gamma(z)$ から得られる．この両辺の対数微分をとれば

$$\psi(z+1) = \frac{d}{dz}\log\Gamma(z+1) = \frac{d}{dz}(\log z + \log\Gamma(z)) = \frac{1}{z} + \psi(z) \tag{6.50}$$

6.6 ディガンマ関数

が $\psi(z)$ の漸化式である．

ちなみに $\log \Gamma(z+1)$ を変形すると，(6.47)式と合わせて

$$\log \Gamma(z+1) = \log z + \log \Gamma(z)$$

$$= -\gamma z + \sum_{n=1}^{\infty}\left(\frac{z}{n} - \ln\left(1+\frac{z}{n}\right)\right) \quad (6.51)$$

となるが，この右辺を z のべき級数に展開すると（$|z|<1$ とする）．

$$\log \Gamma(z+1) = -\gamma z + \sum_{n=1}^{\infty}\left(\frac{z}{n} + \sum_{m=1}^{\infty}\frac{(-1)^m}{m}\left(\frac{z}{n}\right)^m\right)$$

$$= -\gamma z + \sum_{m=2}^{\infty}\frac{(-1)^m}{m}\left(\sum_{n=1}^{\infty}\frac{1}{n^m}\right)z^m$$

$$= -\gamma z + \sum_{m=2}^{\infty}\frac{(-1)^m}{m}\zeta(m)z^m$$

$$= -\gamma z + \frac{1}{2}\zeta(2)z^2 - \frac{1}{3}\zeta(3)z^3 + \cdots \quad (|z|<1) \quad (6.52)$$

ここで $\zeta(m)$ は 4.5 節で現れたリーマンのツェータ関数である（(4.58)式）．m が偶数のものはベルヌーイ数と関係があったが m が奇数のものは数値的にしかわかっていない．

$\log \Gamma(z)$ とディガンマ関数の積分表示を考えてみよう．まず $\mathrm{Re}\, z > 0$ のとき

$$\frac{1}{z} = \int_0^{\infty} e^{-zt} dt \quad (6.53)$$

と書けるから両辺を1から z まで積分して

$$\log z = \int_0^{\infty} \frac{1}{t}(e^{-t} - e^{-zt}) dt \quad (6.54)$$

である．一方 (6.14′) のガウスの公式から

$$\log \Gamma(z) = \lim_{n\to\infty}\left(\log(n-1)! + z\log n - \sum_{m=0}^{n-1}\log(z+m)\right) \quad (6.55)$$

であるから，これに (6.54) 式を代入して整理すると

$$\log \Gamma(z) = \lim_{n\to\infty}\left(\sum_{m=1}^{n-1}\int_0^{\infty}\frac{1}{t}(e^{-t}-e^{-mt})dt + z\int_0^{\infty}\frac{1}{t}(e^{-t}-e^{-nt})dt\right.$$

$$\left. - \sum_{m=0}^{n-1}\int_0^{\infty}\frac{1}{t}(e^{-t}-e^{-(z+m)t})dt\right)$$

$$= \lim_{n\to\infty}\left(-\int_0^{\infty}\frac{1}{t}\frac{1-e^{-(n-1)t}}{1-e^{-t}}(e^{-t}-e^{-(z+1)t})dt + z\int_0^{\infty}\frac{1}{t}(e^{-t}-e^{-nt})dt\right.$$

$$\left. - \int_0^{\infty}\frac{1}{t}(e^{-t}-e^{-zt})dt\right)$$

$$=\lim_{n\to\infty}\left\{\int_0^\infty \frac{1}{t}(e^{-t}-e^{-nt})\left(z-\frac{1-e^{-zt}}{1-e^{-t}}\right)-\frac{1}{t}(e^{-t}-e^{-zt})dt\right\}$$

$$=\int_0^\infty \frac{1}{t}\left((z-1)e^{-t}-\frac{e^{-t}-e^{-zt}}{1-e^{-t}}\right)dt \qquad (\text{Re }z>0) \qquad (6.56)$$

この最後の表式はマルムステン (Malmsten) の公式と呼ばれている．両辺を z で微分すれば，ディガンマ関数の積分表示

$$\psi(z)=\int_0^\infty \left(\frac{e^{-t}}{t}-\frac{e^{-zt}}{1-e^{-t}}\right)dt \qquad (\text{Re }z>0) \qquad (6.57)$$

が得られる．

さらに第2項で $e^t=1+s$ と変数変換して整理すればディリクレ (Dirichlet) の表示

$$\psi(z)=\int_0^\infty \frac{1}{t}\left(e^{-t}-\frac{1}{(1+t)^z}\right)dt \qquad (\text{Re }z>0) \qquad (6.58)$$

また $e^{-t}=s$ とおけば，ガウスの表示

$$\psi(z)=-\int_0^1 \left(\frac{1}{\log t}+\frac{t^{z-1}}{1-t}\right)dt \qquad (\text{Re }z>0) \qquad (6.59)$$

が得られる．

また (6.57) 式に 4.5 節で用いた展開式の変形

$$\frac{t}{1-e^{-t}}=1+\frac{t}{2}\sum_{k=1}^\infty \frac{(-1)^{k-1}}{(2k)!}B_k t^{2k} \qquad (6.60)$$

を代入し，(6.54) 式を用いて整理すると

$$\psi(z)\cong \log z-\frac{1}{2z}-\sum_{k=1}^\infty (-1)^{k-1}\frac{B_k}{2k}\frac{1}{z^{2k}} \qquad (6.61)$$

右辺は無限級数としては収束しないので，漸近展開である．これを積分すれば

$$\log \Gamma(z)\cong \left(z-\frac{1}{2}\right)\log z-z+\log\sqrt{2\pi}+\sum_{k=1}^\infty \frac{(-1)^{k-1}B_k}{2k(2k-1)}\frac{1}{z^{2k-1}} \qquad (6.62)$$

したがって

$$\Gamma(z)=\sqrt{2\pi}z^{z-1/2}e^{-z}e^{\mu(z)} \qquad (6.63)$$

$$\mu(z)\cong \sum_{k=1}^\infty \frac{(-1)^{k-1}B_k}{2k(2k-1)}\frac{1}{z^{2k-1}} \qquad (6.64)$$

これから (6.33) 式の漸近展開が得られる．

演習問題

6.1 $\Gamma(n+1/2)=\{(2n-1)!!/2^n\}\Gamma(1/2)$ を示せ．

演習問題

6.2 $\Gamma(1/2)=\sqrt{\pi}$ であることを証明せよ．

6.3 $\Gamma(z)$ の無限乗積表示 (6.16) 式または (6.20) 式を用いて $\Gamma(z+1)=z\Gamma(z)$ が成立していることを示せ．

6.4
$$f(z)=\Gamma\left(\frac{z}{n}\right)\Gamma\left(\frac{z+1}{n}\right)\cdots\Gamma\left(\frac{z+n-1}{n}\right)n^z$$
としたとき $f(z+1)=zf(z)$ を示せ．したがって $f(z)$ は $\Gamma(z)$ の定数倍である．$f(z)\equiv\sqrt{(2\pi)^{n-1}n}\,\Gamma(z)$ を示せ．

6.5 $\int_0^1 x^{m-1}/\sqrt{1-x^n}\,dx$ をガンマ関数を用いて表せ ($x^n=t$ と変数変換せよ)．
$$\left(\frac{\sqrt{\pi}}{n}\Gamma\left(\frac{m}{n}\right)\Big/\Gamma\left(\frac{m}{n}+\frac{1}{2}\right)\right)$$

6.6 y が実数のとき
$$|\Gamma(iy)|=\sqrt{\frac{\pi}{y\sinh\pi y}}$$
を示せ．

6.7 $\gamma=\int_0^\infty e^{-t}(1/(1-e^{-t})-1/t)dt$ が $\lim_{n\to\infty}(1+1/2+1/3+\cdots+1/n-\log n)$ と等しいことを示せ．

ヒント： $\sum_{k=1}^n 1/k = \sum_{k=1}^n \int_0^\infty e^{-kt}dt$, $\log n=\int_1^n dx \int_0^\infty e^{-xt}dt$ を用いよ．

6.8 (6.32) 式が正しいことを確かめよ．

6.9 積分指数関数
$$E_i(z)=\int_z^\infty \frac{e^{-x}}{x}dx$$
を考える．この関数は $z=\infty$ で正則ではない．なぜなら，$E_i'(z)=-e^{-z}/z$ であり，$z=\infty$ が真性特異点だからである．このため $E_i(z)$ の $z\to\infty$ での振舞いは $1/z$ での収束するべき級数では表現できない．そのかわりに漸近展開を作ることができる．上の $E_i(z)$ の積分表式を部分積分することにより，漸近展開を求めよ．

6.10 $\int_a^b (x-a)^{p-1}(b-x)^{q-1}dx$ をガンマ関数を用いて表せ．

6.11
$$(1-z)\left(1+\frac{z}{2}\right)\left(1-\frac{z}{3}\right)\left(1+\frac{z}{4}\right)\cdots = \frac{\sqrt{\pi}}{\Gamma(1+z/2)\Gamma(1/2-z/2)}$$
を示せ．

6.12 $q>1$ のとき
$$B(p,q)+B(p+1,q)+B(p+2,q)+\cdots = B(p,q-1)$$
を示せ．

6.13
$$\int_z^{z+1}\log\Gamma(t)dt = z\log z - z + \frac{1}{2}\log 2\pi$$

を示せ.

6.14 漸近展開

$$\int_0^\infty g(t)e^{-tx}dt \sim \frac{g(0)}{x} - \frac{g'(0)}{x^2} + \frac{g''(0)}{x^3} - \cdots$$

を示せ.

6.15 スターリングの公式から，ディガンマ関数 $\psi(z)=\Gamma'(z)/\Gamma(z)$ の漸近展開を評価せよ.

6.16 $\int_0^\infty e^{-ax}x^{z-1}dx=(1/a^z)\Gamma(z)$ を示せ．さらに $a=p+iq$ とおいて

$$\int_0^\infty e^{-px}x^{z-1}\cos qx\,dx = \frac{\Gamma(z)}{(p^2+q^2)^{z/2}}\cos z\theta \quad \left(\theta = \tan^{-1}\frac{q}{p},\ -\frac{\pi}{2} < \theta < \frac{\pi}{2}\right)$$

$$\int_0^\infty e^{-pt}x^{z-1}\sin qx\,dx = \frac{\Gamma(z)}{(p^2+q^2)^{z/2}}\sin z\theta$$

を示せ．また $p \to 0$ の極限をとって $(0<z<1)$

$$\int_0^\infty x^{z-1}\cos qx\,dx = \frac{1}{q^z}\Gamma(z)\cos\frac{\pi}{2}z$$

$$\int_0^\infty x^{z-1}\sin qx\,dx = \frac{1}{q^z}\Gamma(z)\sin\frac{\pi}{2}z$$

を示せ.

7 量子力学と微分方程式

7.1 さまざまな固有値問題

　これまで複素関数の基本的な事柄について説明してきた．この節ではこの複素関数が物理学と密接な関係にあることを紹介しよう．特に，現代物理学の基礎である量子力学との関連を見てみよう．物理学上の問題であることからまず実変数の場合について考えることになる．シュレーディンガー(Shrödinger)の方程式をいろいろな場合(系の対称性，ポテンシャルの角度，磁場の有無)について解く必要がある．

　質量 m をもち，ポテンシャル $V(r)$ がある3次元空間を運動する量子力学的な粒子(たとえば電子)に対するシュレーディンガーの波動方程式の固有値問題は，ハミルトニアン(Hamiltonian) $\mathcal{H}$，およびエネルギー固有値 E を用いて次式で与えられる．

$$\mathcal{H}u(r) = Eu(r) \tag{7.1}$$

$$\mathcal{H} \equiv \frac{p^2}{2m} + V(r) = -\frac{\hbar^2}{2m}\Delta + V(r) \tag{7.2}$$

ここで p, r は粒子の運動量と座標であり，$\hbar$ はプランク(Planch)定数 h を用いて $\hbar = h/2\pi$ で与えられ，Δ はラプラシアン(Laplacian)である．

$$\Delta = \frac{\partial^2}{\partial x^2} + \frac{\partial^2}{\partial y^2} + \frac{\partial^2}{\partial z^2} \tag{7.3}$$

$$= \frac{1}{r}\frac{\partial}{\partial r}\left(r\frac{\partial}{\partial r}\right) + \frac{1}{r^2}\frac{\partial^2}{\partial \theta^2} + \frac{\partial^2}{\partial z^2} \tag{7.4}$$

$$= \frac{1}{r^2}\frac{\partial}{\partial r}\left(r^2\frac{\partial}{\partial r}\right) + \frac{1}{r^2}\frac{1}{\sin\theta}\frac{\partial}{\partial \theta}\left(\sin\theta\frac{\partial}{\partial \theta}\right) + \frac{1}{r^2}\frac{1}{\sin^2\theta}\frac{\partial^2}{\partial \varphi^2} \tag{7.5}$$

(7.3), (7.4), (7.5)式はそれぞれ Δ を直交座標系 (x, y, z)，円柱座標系 (r, θ, z)，極座標系 (r, θ, φ) で表したものである．

(ⅰ) $V(r)=0$ の場合

まず $V(r)=0$ とする（これは自由粒子の場合に相当する）と (7.1), (7.2) 式は $E>0$ として $2mE/\hbar^2=k^2$ と書くと

$$(\Delta+k^2)u=0 \tag{7.6}$$

という微分方程式になる．空間の 1 次元 (x 方向) 方向についてのみ考えると，$\Delta \to d^2/dx^2$ となり (7.6) 式の解は，$u(x) \propto e^{ikx}$ で与えられることがすぐわかる．空間が 2 次元 (x-y 空間) の場合，円柱座標 (r, θ) 表示 (7.4) 式で考え，z に依存する項を無視し $u(r,\theta,z)=w(r)e^{il\theta}$ という変数分離の形を仮定すると (l の値は形式的には任意でよいが，物理的には θ について 2π の周期性があることから整数であることが要求される), $w(r)$ に対する微分方程式は $kr=s$ と書くと

$$\left\{\frac{d^2}{ds^2}+\frac{1}{s}\frac{d}{ds}+\left(1-\frac{l^2}{s^2}\right)\right\}w(s)=0 \tag{7.7}$$

となる．これはベッセル (Bessell) の微分方程式 (第 8 章) である．

3 次元空間では (7.6) 式を極座標で考え，やはり変数分離の形 $u(\boldsymbol{r})=w(r)Y(\theta,\varphi)$ を仮定し，さらに $Y(\theta,\varphi)$ は実数 l を用いて

$$\Lambda(\theta,\varphi)Y(\theta,\varphi)=-l(l+1)Y(\theta,\varphi) \tag{7.8}$$

$$\Lambda(\theta,\varphi)\equiv\frac{1}{\sin\theta}\frac{\partial}{\partial\theta}\left(\sin\theta\frac{\partial}{\partial\theta}\right)+\frac{1}{\sin^2\theta}\frac{\partial^2}{\partial\varphi^2} \tag{7.9}$$

を満たすとすると ((7.8) 式の解はルジャンドル (Legendre) 関数 (第 9 章) で与えられる．そこでは，物理的に意味ある解は l が整数の場合に限ることが示される), $w(r)$ に対する微分方程式は $kr=s$ により

$$\left\{\frac{d^2}{ds^2}+\frac{2}{s}\frac{d}{ds}+\left(1-\frac{l(l+1)}{s^2}\right)\right\}w(s)=0 \tag{7.10}$$

となる．(7.10) 式で $w(s)=s^{-1/2}w_1(s)$ により $w_1(s)$ を定義すると，この $w_1(s)$ は次の微分方程式を満たす．

$$\left\{\frac{d^2}{ds^2}+\frac{1}{s}\frac{d}{ds}+\left(1-\frac{(l+1/2)^2}{s^2}\right)\right\}w_1(s)=0 \tag{7.11}$$

(7.11) 式は (7.7) 式と同形であるが指数 l (整数) と $l+1/2$ (半整数) の違いがある．

(ⅱ) クーロン (Coulomb) 相互作用のある場合

次にポテンシャル $V(r)$ として距離 r に逆比例する引力が働く場合を考え

よう．$V(r)=-A/r\,(A>0)$．これは，重力や異なる符号を持つ電荷の間のクーロン相互作用に対応する．エネルギー固有値 E が $E<0$ となる場合について考えると (7.1), (7.2) 式は，$k^2=-\kappa^2$ および $2mA/\hbar^2\equiv\alpha$ として

$$\left(\Delta-\kappa^2+\frac{\alpha}{r}\right)u(\boldsymbol{r})=0 \tag{7.12}$$

となる．ここで極座標系 (7.5) 式を用い，さらに (7.8), (7.9) 式を満たす $Y(\theta,\varphi)$ により $u(\boldsymbol{r})=w(r)Y(\theta,\varphi)$ と書くと，$w(r)$ に対する微分方程式は

$$\left(\frac{d^2}{dr^2}+\frac{2}{r}\frac{d}{dr}-\kappa^2+\frac{\alpha}{r}-\frac{l(l+1)}{r^2}\right)w(r)=0 \tag{7.13}$$

となる．この微分方程式の解はラゲール (Laguerre) 関数 (11.3, 11.4 節) で与えられる．

(iii) 調和振動子

次に (7.2) 式でポテンシャル $V(r)$ が

$$V(r)=\frac{m\omega^2}{2}r^2=\frac{m\omega^2}{2}(x^2+y^2+z^2) \tag{7.14}$$

で与えられる場合を考えよう．これは原点を中心とした調和振動子のモデルである．3 方向について同等なので簡単のため 1 次元方向についてのみ考えると固有値問題は

$$\left\{-\frac{p^2}{2m}+\left(E-\frac{m\omega^2}{2}x^2\right)\right\}u(x)=0 \tag{7.15}$$

すなわち，$\lambda=2mE/\hbar^2$，$\gamma=m\omega/\hbar$ を用いて

$$\left(\frac{d^2}{dx^2}+(\lambda-\gamma^2x^2)\right)u(x)=0 \tag{7.16}$$

となる．$u(x)=e^{-\gamma x^2/2}w(x)$ によって関数 $w(x)$ を導入すると $w(x)$ についての微分方程式は

$$\frac{d^2w}{dx^2}-2\gamma x\frac{dw}{dx}+(\lambda-\gamma)w=0 \tag{7.17}$$

となる．この微分方程式の解はエルミート (Hermite) 関数 (12.1 節) で与えられる．

(iv) 周期ポテンシャル

(7.2) 式で 1 次元空間で周期 a を持つ周期ポテンシャル $V(r)=V_0\cos\{2\pi(x/a)\}$ がある場合を考えよう．

$$\left(\frac{p^2}{2m}+V_0\cos 2\pi\frac{x}{a}\right)u(x)=Eu(x) \tag{7.18}$$

これは $\lambda=2mEa^2/\hbar^2$, $q=2mV_0a^2/\hbar^2$ により λ, q を定義し，x/a を改めて x と書くと

$$\frac{d^2}{dx^2}u+(\lambda-q\cos 2\pi x)u=0 \tag{7.19}$$

となる．ここで $\cos^2\pi x=\zeta$ によって変数変換すると (7.19) 式は

$$4\zeta(1-\zeta)\frac{d^2u}{d\zeta^2}+2(1-2\zeta)\frac{du}{d\zeta}+\frac{\lambda+q(1-2\zeta)}{\pi^2}u=0 \tag{7.20}$$

となる．(7.19), (7.20) 式の解はマシュー (Mathiew) 関数 (第 13 章) で与えられる．

(v) 磁場が存在する場合

磁場が存在するときのハミルトニアンは次式で与えられる．

$$\mathcal{H}=\frac{1}{2m}\left(p+\frac{e}{c}A\right)^2 \tag{7.21}$$

ここで A はベクトルポテンシャルで磁界 B と $B=\mathrm{rot}\,A$ の関係にある．磁界 B が z 軸方向を向いているとすると，A はそれに垂直な x-y 平面内にあるとしてよい．この A のとり方として次の 2 つが代表的である．磁界の強さを H とする．

① ランダウ (Landaw) ゲージ：$A=(0,\ Hx,\ 0)$

この場合の固有値方程式は磁場の影響が現れる x-y 平面だけを考えると以下のようになる．

$$\left\{\frac{p_x^2}{2m}+\frac{1}{2m}\left(p_y+\frac{e}{c}Hx\right)^2\right\}\bar{\Psi}(x,y)=E\bar{\Psi}(x,y) \tag{7.22}$$

これは

$$\left\{\frac{d^2}{dx^2}+\left(\frac{d}{dy}+i\frac{eH}{\hbar c}x\right)^2+\frac{2mE}{\hbar^2}\right\}\bar{\Psi}(x,y)=0 \tag{7.23}$$

となる．y 依存性については，左辺に d/dy のみが存在することから，$\Psi(x,y)\propto e^{-iky}\varphi(x)$ と仮定すると $\varphi(x)$ について微分方程式

$$\left\{\frac{d^2}{dx^2}-\left(\frac{eH}{\hbar c}x-k\right)^2+\frac{2mE}{\hbar^2}\right\}\varphi(x)=0 \tag{7.24}$$

が得られる．

② 対称ゲージ：$A=(-Hy/2,\ Hx/2,\ 0)$

この場合の x-y 平面での固有値方程式は以下のようになる.

$$\left\{\frac{1}{2m}\left(p_x-\frac{eH}{2c}y\right)^2+\frac{1}{2m}\left(p_y+\frac{eH}{2c}x\right)^2\right\}\Psi(x,y)=E\Psi(x,y) \quad (7.25)$$

この場合は極座標 (r,θ) が都合がよい. $\varepsilon\equiv 2mE/\hbar^2$ と書いて

$$\left\{\frac{1}{r}\frac{\partial}{\partial r}\left(r\frac{\partial}{\partial r}\right)+\frac{1}{r^2}\frac{\partial^2}{\partial\theta^2}-i\frac{1}{l^2}\frac{\partial}{\partial\theta}-\frac{r^2}{4l^4}+\varepsilon\right\}\Psi(r,\theta)=0 \quad (7.26)$$

となる. θ 依存性については整数 m を用いて $\Psi(r,\theta)=e^{im\theta}\varphi(r)$ とすれば

$$\left(\frac{d^2}{dr^2}+\frac{1}{r}\frac{d}{dr}-\frac{m^2}{r^2}+\frac{m}{l^2}-\frac{r^2}{4l^4}+\varepsilon\right)\varphi(r) \quad (7.27)$$

$$=\frac{1}{l^2}\left(\frac{d^2}{du^2}+\frac{1}{u}\frac{d}{du}-\frac{m^2}{u^2}+m+\lambda-\frac{u^2}{4}\right)\varphi(ul)=0 \quad (7.28)$$

ここで $u=r/l$, $\lambda=\varepsilon l^2$ である. $\varphi(r)=e^{-u^2/4}u^m f(u)$ とすると $f(u)$ についての次の微分方程式が得られる.

$$\frac{d^2 f}{du^2}+\left(\frac{2m+1}{u}-u\right)\frac{df}{du}+(\lambda-1)f=0 \quad (7.29)$$

ここで $(1/2)u^2=\rho$ により変数を ρ に変えるとこの方程式は

$$\rho\frac{d^2 f}{d\rho^2}+(m+1-\rho)\frac{df}{d\rho}+\frac{\lambda-1}{2}f=0 \quad (7.30)$$

となる. これらの微分方程式については 12.2 節で紹介される.

このように, シュレーディンガー方程式の固有値問題では, さまざまな微分方程式とそれに対応した特別な関数 (特殊関数) が出現する. 以下に順次それらを調べることにするが, その準備として, まず一般論からはじめよう.

7.2 確定特異点を持つ微分方程式

前節で見たように, シュレーディンガー方程式の固有値問題は, 変数を複素数に拡張すると, 一般に

$$L[w]\equiv\frac{d^2 w}{dz^2}+p(z)\frac{dw}{dz}+q(z)w=0 \quad (7.31)$$

という形をしている. (7.31) 式を 2 階の同次線形微分方程式という. もし $z=a$ で $p(z)$, $q(z)$ が正則であるとき $z=a$ をこの微分方程式の正則点という. 一方 $z=a$ が $p(z)$, $q(z)$ いずれかあるいは両方の特異点である場合には, $z=a$ で $p(z)$ はたかだか 1 次の極, また $q(z)$ はたかだか 2 次の極を持つとする. 実際に 7.1 節に紹介した種々の微分方程式はこの条件を満たしている. この場合

$p(z), q(z)$ は 4.2 節で述べたローラン展開が可能であるから

$$p(z)=\frac{1}{z-a}\sum_{n=0}^{\infty}p_n(z-a)^n=\sum_{n=0}^{\infty}p_n(z-a)^{n-1} \tag{7.32}$$

$$q(z)=\frac{1}{(z-a)^2}\sum_{n=0}^{\infty}q_n(z-a)^n=\sum_{n=0}^{\infty}q_n(z-a)^{n-2} \tag{7.33}$$

このとき $z=a$ は微分方程式 (7.31) の確定特異点であるという (7.1 節で見た固有値問題では $a=0$ である).

この確定特異点のまわりの解 $w(z)$ をべき級数展開によって求めてみよう. そのため, ρ を適当な (あとに決める) 数として次の形に書く ($a_0 \neq 0$).

$$w(z)=(z-a)^\rho \sum_{n=0}^{\infty}a_n(z-a)^n \tag{7.34}$$

これを (7.31) 式に代入すると

$$\sum_{n=0}^{\infty}(n+\rho)(n+\rho-1)a_n(z-a)^{n+\rho-2}+\sum_{n',\nu=0}^{\infty}(n'+\rho)p_\nu a_{n'}(z-a)^{n'+\rho+\nu-2}$$
$$+\sum_{n',\nu=0}q_\nu a_{n'}(z-a)^{n'+\rho+\nu-2}$$
$$=\sum_{n=0}^{\infty}(z-a)^{n+\rho-2}\Bigl\{(n+\rho)(n+\rho-1)a_n+\sum_{\nu=0}^{n}(n-\nu+\rho)p_\nu a_{n-\nu}+\sum_{\nu=0}^{n}q_\nu a_{n-\nu}\Bigr\}=0 \tag{7.35}$$

これから $n \geq 0$ の整数に対して

$$(n+\rho)(n+\rho-1)a_n+\sum_{\nu=0}^{n}(n-\nu+\rho)p_\nu a_{n-\nu}+\sum_{\nu=0}^{n}q_\nu a_{n-\nu}=0 \tag{7.36}$$

が要求される. 特に $n=0$ とおけば

$$\{\rho(\rho-1)+\rho p_0+q_0\}a_0=0 \tag{7.37}$$

$a_0 \neq 0$ であるから

$$\rho(\rho-1)+\rho p_0+q_0=0 \tag{7.38}$$

これは ρ を決める方程式であり, 決定方程式と呼ばれる. この ρ の根を ρ_1, ρ_2 と書こう. この ρ_1, ρ_2 の関係によりいくつかの場合がある.

まず $\rho_1 \neq \rho_2$ の場合には, 次の独立な解 w_1, w_2 が求まる.

$$\left.\begin{aligned}w_1&=(z-a)^{\rho_1}\sum_{n=0}^{\infty}a_n(\rho_1)(z-a)^n\\w_2&=(z-a)^{\rho_2}\sum_{n=0}^{\infty}a_n(\rho_2)(z-a)^n\end{aligned}\right\} \tag{7.39}$$

しかし決定方程式が重根 $\rho_1=\rho_2$ を持つ場合には, 上の方法ではひとつの ρ しか決定することができない. ρ_1 と ρ_2 の差が整数の場合も同様である. なぜな

7.2 確定特異点を持つ微分方程式

ら $\rho=\rho_1$ が決定方程式の根であり，n' を正の整数としたとき $\rho_1=\rho_2+n'$ であるとき，$\rho=\rho_2$ に対応する解を求めようとすると (7.36) 式の方程式で $n=n'$ としたとき $a_{n'}$ の係数が 0 となり $a_n (n \geq n')$ を決めることができなくなってしまうからである．このときも $\rho=\rho_1$ に対する解は一意的に決まる．したがって $\rho_1=\rho_2$ および $\rho_1=\rho_2+n'$ の場合には 2 つの目の解を求めるには工夫が必要となる．

まず $\rho_1=\rho_2$ の場合を考えよう．ひとつの解 w_1 は (7.39) 式のように決まる．もうひとつの解を求めるには，ρ を任意にとり (7.36) 式により係数 $a_n (n \geq 1)$ を順次 a_0 と ρ の関数として決める．これを $a_n(\rho)$ と書くことにする．したがって，(7.36) 式は $n=0$ 以外について満足されているので a_0 を含む項のみが残り

$$L[w]=\{\rho(\rho-1)+\rho p_0+q_0\}a_0(z-a)^{\rho-2} \tag{7.40}$$

となる．この右辺を ρ で微分して $\rho=\rho_1$ とおくと ρ_1 が (7.40) 式の $\{\ \}$ の部分の重根であることを反映して 0 となる．すなわち，

$$\frac{\partial}{\partial \rho}L[w]=L\left[\frac{\partial w}{\partial \rho}\right]\bigg|_{\rho=\rho_1}=0 \tag{7.41}$$

こうして $(\partial w/\partial \rho)_{\rho=\rho_1} \equiv w_2$ がもうひとつの解であることがわかる，$a_n'(\rho_1)=(\partial a_n/\partial \rho)_{\rho=\rho_1}$ と書けば，w_2 は次のようになる．

$$\begin{aligned}w_2 &= (z-a)^{\rho_1}\ln(z-a)\sum_{n=0}^{\infty}a_n(\rho_1)(z-a)^n \\ &\quad +(z-a)^{\rho_1}\sum_{n=0}^{\infty}a_n'(\rho_1)(z-a)^n \\ &= w_1\ln(z-a)+(z-a)^{\rho_1}\sum_{n=0}^{\infty}a_n'(\rho_1)(z-a)^n \end{aligned} \tag{7.42}$$

一方 $\rho_1=\rho_2+n' (n'=1,2,\cdots)$ の場合，$\rho=\rho_1$ に対する解 w_1 は (7.9) 式のようにして求まる．もうひとつの解は $\rho_1=\rho_2$ の場合と同じように ρ, a_0 を任意にとり $a_n (n=1,2,\cdots)$ については (7.36) 式を満たすようにとると (7.40) 式が得られる．この両辺に $\rho-\rho_2$ を掛けると

$$L[(\rho-\rho_2)w]=(\rho-\rho_1)(\rho-\rho_2)^2 a_0(z-a)^{\rho-2} \tag{7.43}$$

が得られる．(7.41) 式の場合と同様に，ここで ρ について微分して $\rho=\rho_2$ とおくと右辺は 0 となる．すなわち

$$w_2=\left(\frac{\partial (\rho-\rho_2)w}{\partial \rho}\right)_{\rho=\rho_2} \tag{7.44}$$

この式の右辺をもう少し具体的に考えてみよう．(7.36) 式により $n=n'$ のと

きの $a_n(\rho)$ の係数は $\rho \to \rho_2$ で 0 となる．なぜなら，

$$(n'+\rho)(n'+\rho-1)+(n'+\rho)p_0+q_0 \\ =(\rho+n'-\rho_1)(\rho+n'-\rho_2)=(\rho-\rho_2)(\rho+n'-\rho_2) \tag{7.45}$$

したがって $a_n(\rho)$ は $n \geq n'$ のとき $(\rho-\rho_2)^{-1}$ に比例している．$n<n'$ を満たす $a_n(\rho)$ にはこのような因子がない．このことに注意すると w_2 は次のように書ける．

$$w_2=(z-a)^{\rho_2}\ln(z-a)\sum_{n=n'}^{\infty}\Big((\rho-\rho_2)a_n(\rho)\Big)_{\rho=\rho_2}(z-a)^n \\ +(z-a)^{\rho_2}\sum_{n=0}^{\infty}\left(\frac{d(\rho-\rho_2)a_n(\rho)}{d\rho}\right)_{\rho=\rho_2}(z-a)^n \tag{7.46}$$

$n \geq n'$ のみを含む (7.46) 式右辺第 1 項をさらに変形するために $(\rho-\rho_2)a_n(\rho)$ の満たす方程式を導出しよう．(7.36) 式に $\rho-\rho_2$ を掛けて $\rho \to \rho_2$ とすると a_n ($n<n'$) の項は消えるので $n=n'+m$ ($m \geq 0$) と書くと

$$(\rho+n'+m)(\rho+n'+m-1)(\rho-\rho_2)a_{n'+m} \\ +\sum_{\nu=0}^{m}(\rho+n'+m-\nu)(\rho-\rho_2)p_\nu a_{n'+m-\nu} \\ +\sum_{\nu=0}^{m}(\rho-\rho_2)q_2 a_{n'+m-\nu}=0 \tag{7.47}$$

ここで $\rho \to \rho_2$ とする．$\rho_2+n'=\rho_1$ に注意し，$\{(\rho-\rho_2)a_{n'+m}\}_{\rho=\rho_2}=\alpha_m$ を導入すると

$$(\rho_1+m)(\rho_1+m-1)\alpha_m+\sum_{\nu=0}^{m}(\rho_1+m-\nu)p_\nu \alpha_{m+\nu}+\sum_{\nu=0}^{m}q_\nu \alpha_{m-\nu}=0 \tag{7.48}$$

となり，これは $\rho=\rho_1$ のときの (7.36) 式の解 $a_n(\rho_1)$ と α_n が，比例係数を除いて等しいことを意味する．この比例係数は，$a_0(\rho_1)=a_0$ に相当する量が $\{(\rho-\rho_2)a_{n'}\}_{\rho=\rho_2}$ であることに注意すると

$$\alpha_m=\frac{\{(\rho-\rho_2)a_{n'}(\rho)\}_{\rho=\rho_2}}{a_0}a_m(\rho_1)\equiv A a_m(\rho_1) \tag{7.49}$$

となる．結局 (7.46) 式は

$$w_2=Aw_1\ln(z-a)+(z-a)^{\rho_2}\sum_{n=0}^{\infty}\left(\frac{d(\rho-\rho_2)a_n(\rho)}{d\rho}\right)_{\rho=\rho_2}(z-a)^n \tag{7.50}$$

と表現される．

こうして確定方程式の根が $\rho_1=\rho_2+n'$ ($n'=0, 1, 2, \cdots$) を満たす場合，べき級数解 w_1 の他に $w_1\ln(z-a)$ に比例した項を含む第 2 の解が存在することになる．なお (7.49) 式で定義した A は $A=0$ となることもありうる．

8

ベッセルの微分方程式

8.1 ベッセル関数の級数解

7.1節の (7.7), (7.11) 式に現れた以下のタイプの微分方程式を考えよう.
$$\frac{d^2w}{dz^2}+\frac{1}{z}\frac{dw}{dz}+\left(1-\frac{\lambda^2}{z^2}\right)w=0 \tag{8.1}$$
これはベッセル (Bessell) の微分方程式と呼ばれる. λ は一般に複素数でよいが 7.1 節で見たように整数ないし半整数の場合が物理学ではしばしば出現する.

$z=0$ は確定特異点である ($z=\infty$ も特異点であるが確定特異点ではない). $z=0$ での決定方程式は
$$\rho(\rho-1)+\rho-\lambda^2=(\rho-\lambda)(\rho+\lambda)=0 \tag{8.2}$$
となる. したがって λ が整数でない場合は (7.39) 式の形の解が得られる. $\rho=\lambda$ の場合に係数を決定する方程式 (7.36) 式は (7.32), (7.33) 式で p_0, q_0, q_2 のみ 0 でないことに注意すると
$$\begin{aligned}(\nu+\lambda)(\nu+\lambda-1)a_\nu+(\nu+\lambda)a_\nu+a_{\nu-2}-\lambda^2 a_\nu\\=(\nu^2+2\nu\lambda)a_\nu+a_{\nu-2}=0\end{aligned} \tag{8.3}$$
したがって $\nu=0,2,4,\cdots$ のみ残るので $\nu=2\mu$ と書くと
$$a_{2\mu}=-\frac{a_{2(\mu-1)}}{4\mu(\lambda+\mu)}=(-1)^\mu\frac{a_0}{4^\mu\mu!(\lambda+\mu)\cdots(\lambda+1)} \tag{8.4}$$
ここで $a_0=(2^\lambda\lambda!)^{-1}=(2^\lambda\Gamma(\lambda+1))^{-1}$ ととれば
$$w_1=\left(\frac{z}{2}\right)^\lambda\sum_{\mu=0}^\infty\frac{(-1)^\mu}{\mu!\Gamma(\lambda+\mu+1)}\left(\frac{z}{2}\right)^{2\mu}\equiv J_\lambda(z) \tag{8.5}$$
もうひとつの解 w_2 は上式で $\lambda\to-\lambda$ とすればよい,
$$w_2=J_{-\lambda}(z)=\left(\frac{z}{2}\right)^{-\lambda}\sum_{\mu=0}^\infty\frac{(-1)^\mu}{\mu!\Gamma(-\lambda+\mu+1)}\left(\frac{z}{2}\right)^{2\mu} \tag{8.6}$$
$J_\lambda(z)$ は λ 次のベッセル関数と呼ばれる.

λ が整数 $n=0,1,2,\cdots$ の場合は $\lambda=n$ に対応する解は上の方法で決定されるが $\lambda=-n$ に対応する解を求めるには工夫がいる.

整数 n に対して (8.5) 式によれば, $J_{-n}(z)=(-1)^n J_n(z)$ が成立すること (演習問題 8.2) に注意して第 2 の解を次のように求める. まず $\lambda \neq n$ として次の関数を定義する.

$$N_\lambda(z) = \frac{J_\lambda(z)\cos \pi\lambda - J_{-\lambda}(z)}{\sin \pi\lambda} \tag{8.7}$$

$N_\lambda(z)$ は (8.1) 式の解であり, λ 次のノイマン (Neumann) 関数と呼ばれる. この関数は $\lambda=n$ でも定義できる.

$$N_n(z) = \frac{1}{\pi}\left[\frac{\partial J_\lambda(z)}{\partial \lambda} - (-1)^\lambda \frac{\partial J_{-\lambda}(z)}{\partial \lambda}\right]_{\lambda=n} \tag{8.8}$$

こうして $\lambda=n$ の場合のベッセルの微分方程式が持つ 2 つの独立な解は $J_n(z)$, $N_n(z)$ である. その $z=0$ 付近での主要部分は次のようになる.

$$\left.\begin{aligned} J_n(z) &\simeq \frac{1}{n!}\left(\frac{z}{2}\right)^n \\ N_n(z) &\simeq \frac{2}{\pi n!}\left(\frac{z}{2}\right)^n \ln \frac{z}{2} - \frac{(n-1)!}{\pi}\left(\frac{z}{2}\right)^{-n} \end{aligned}\right\} \tag{8.9}$$

$\sin z$, $\cos z$ の代わりに e^{iz}, e^{-iz} を考えるのと同様に $J_\lambda(z)$, $N_\lambda(z)$ の代わりに

$$\left.\begin{aligned} H_\lambda^1(z) &= J_\lambda(z) + iN_\lambda(z) \\ H_\lambda^2(z) &= J_\lambda(z) - iN_\lambda(z) \end{aligned}\right\} \tag{8.10}$$

によって定義されるハンケル関数もベッセル微分方程式の独立な 2 つの解である.

異なる λ を持つ $J_\lambda(z)$ の間には以下の関式が成立する. (8.5) 式により

$$\begin{aligned} \frac{d}{dz}\left(\frac{J_\lambda(z)}{z^\lambda}\right) &= \frac{1}{2^\lambda}\sum_{\mu=1}^\infty \frac{(-1)^\mu \mu}{\mu!\,\Gamma(\lambda+\mu+1)}\left(\frac{z}{2}\right)^{2\mu-1} \\ &= -\frac{z}{2^{\lambda+1}}\sum_{\mu=0}^\infty \frac{(-1)^\mu}{\mu!\,\Gamma(\lambda+1+\mu+1)}\left(\frac{z}{2}\right)^{2\mu} \\ &= -\frac{J_{\lambda+1}(z)}{z^\lambda} \end{aligned} \tag{8.11}$$

$$\begin{aligned} \frac{d}{dz}(z^\lambda J_\lambda(z)) &= z^\lambda\left(\frac{z}{2}\right)^\lambda \sum_{\mu=0}^\infty \frac{(-1)^\mu(\mu+\lambda)}{\mu!\,\Gamma(\lambda+\mu+1)}\left(\frac{z}{2}\right)^{2\mu} \\ &= z^\lambda\left(\frac{z}{2}\right)^\lambda \sum_{\mu=0}^\infty \frac{(-1)^\mu}{\mu!\,\Gamma(\lambda+\mu)}\left(\frac{z}{2}\right)^{2\mu} \\ &= z^\lambda J_{\lambda-1}(z) \end{aligned} \tag{8.12}$$

(8.11), (8.12) 式により以下の関係が導かれる (演習問題 8.3).

$$\left.\begin{array}{l}\dfrac{dJ_\lambda(z)}{dz}=\dfrac{\lambda}{z}J_\lambda(z)-J_{\lambda+1}(z)\\[2mm]\dfrac{dJ_\lambda(z)}{dz}=-\dfrac{\lambda}{z}J_\lambda(z)+J_{\lambda-1}(z)\end{array}\right\} \tag{8.13}$$

(8.13) 式の両式の和および差をとることにより,

$$J_{\lambda-1}(z)-J_{\lambda+1}(z)=2\dfrac{dJ_\lambda(z)}{dz} \tag{8.14 a}$$

$$J_{\lambda+1}(z)-2\dfrac{\lambda}{z}J_\lambda(z)+J_{\lambda-1}(z)=0 \tag{8.14 b}$$

となる. 特に $\lambda=0$ の場合には

$$\dfrac{dJ_0(z)}{dz}=-J_1(z) \tag{8.15}$$

が成立する.

8.2 半整数のベッセル関数

ここで λ が半整数の場合, $\lambda=l+1/2$ のベッセル関数は初等関数で表現されることを見ておこう. このときの解は $w_1=J_{l+1/2}(z)$, $w_2=J_{-l-1/2}(z)$ である. まず $l=0$ の場合, (8.5) 式により

$$J_{1/2}(z)=\sqrt{\dfrac{z}{2}}\sum_{\mu=0}^{\infty}\dfrac{(-1)^\mu}{\mu!\,\Gamma(\mu+3/2)}\left(\dfrac{z}{2}\right)^{2\mu} \tag{8.16}$$

ここで

$$\begin{aligned}\Gamma\!\left(\mu+\dfrac{3}{2}\right)&=\left(\mu+\dfrac{1}{2}\right)\!\left(\mu-\dfrac{1}{2}\right)\cdots\dfrac{1}{2}\Gamma\!\left(\dfrac{1}{2}\right)\\ &=\dfrac{1\cdot 3\cdots(2\mu+1)}{2^{\mu+1}}\sqrt{\pi}\end{aligned} \tag{8.17}$$

に注意すると ($\Gamma(1/2)=\sqrt{\pi}$ を用いた),

$$J_{1/2}(z)=\sqrt{\dfrac{2}{\pi z}}\sum_{\mu=0}^{\infty}\dfrac{(-1)^\mu}{(2\mu+1)!}z^{2\mu+1}=\sqrt{\dfrac{2}{\pi z}}\sin z \tag{8.18}$$

となる. 同様に

$$J_{-1/2}(z)=\sqrt{\dfrac{2}{\pi z}}\sum_{\mu=0}^{\infty}\dfrac{(-1)^\mu}{(2\mu)!}z^{2\mu}=\sqrt{\dfrac{2}{\pi z}}\cos z \tag{8.19}$$

となる. $l=1,2,\cdots$ に対しては漸化式 (8.11), (8.12) 式により $J_{1/2}(z)$, $J_{-1/2}(z)$ を用いて表現できる. また, 次のようにも表現できる (演習問題 8.3).

$$J_{l+1/2}(z)=(-1)^l\frac{(2z)^{l+1/2}}{\sqrt{\pi}}\frac{d^l}{d(z^2)^l}\left(\frac{\sin z}{z}\right) \tag{8.20}$$

ノイマン関数については (8.7) 式を用いて

$$N_{1/2}(z)=-J_{-1/2}(z)=-\sqrt{\frac{2}{\pi z}}\cos z \tag{8.21 a}$$

$$N_{-1/2}(z)=J_{1/2}(z)=\sqrt{\frac{2}{\pi z}}\sin z \tag{8.21 b}$$

したがって, ハンケル関数は

$$H^1{}_{1/2}(z)=-i\sqrt{\frac{2}{\pi z}}e^{iz} \tag{8.22 a}$$

$$H^2{}_{1/2}(z)=i\sqrt{\frac{2}{\pi z}}e^{-iz} \tag{8.22 b}$$

となる. (8.14 b) 式が H_l^i ($i=1, 2$) にも成立することに注意して, $l=1, 2, \cdots$ のハンケル関数は,

$$H^i{}_{l+3/2}(z)=\frac{(2l+1)}{z}H^i{}_{l+1/2}(z)-H^i{}_{l-1/2}(z) \tag{8.23}$$

によって $H^i{}_{1/2}(z)$, $H^i{}_{-1/2}(z)$ から順次求めることができる.

ベッセル関数の変数に虚数が入ったもの

$$I_\lambda(z)=\begin{cases} e^{-(i/2)\pi\lambda}J_\lambda(iz) & \left(-\pi<\arg z<\dfrac{\pi}{2}\right) \\ e^{(3/2)i\pi\lambda}J_\lambda(iz) & \left(\dfrac{\pi}{2}<\arg z<\pi\right) \end{cases} \tag{8.24}$$

$$K_\lambda(z)=\frac{\pi}{2}\frac{I_{-\lambda}(z)-I_\lambda(z)}{\sin\pi\lambda}=\frac{\pi i}{2}e^{(i/2)\pi\lambda}H_\lambda'(iz) \tag{8.25}$$

を変形ベッセル関数と呼ぶ. 変数に虚数 i が加わったために, $I_\lambda(z)$ と $K_\lambda(z)$ は変形されたベッセルの微分方程式

$$\frac{d^2w}{dz^2}+\frac{1}{z}\frac{dw}{dz}-\left(1+\frac{\lambda^2}{z^2}\right)\omega=0 \tag{8.26}$$

を満たす. ((8.1) 式と比較せよ.)

(8.5) 式に対応して, べき級数展開は

$$I_\lambda(z)=\left(\frac{z}{2}\right)^\lambda\sum_{\mu=0}^\infty\frac{1}{\mu!\,\Gamma(\lambda+\mu+1)}\left(\frac{z}{2}\right)^{2\mu} \tag{8.27}$$

となる (演習問題 8.5).

8.3 ベッセル関数の積分表示

ベッセル関数の級数解 (8.5) 式をもとにひとつの積分表示を求めてみよう．$1/\Gamma(z)$ の積分表示 (6.25) 式を用いて (さらに積分変数 t を $-t$ に変えると) (8.5) 式は次のように表現される．

$$J_\lambda(z) = \left(\frac{z}{2}\right)^\lambda \sum_{\mu=0}^\infty \frac{(-1)^\mu}{\mu!} \left(\frac{z}{2}\right)^{2\mu} \frac{(-i)}{2\pi} \int_C t^{-\lambda-\mu-1} e^t dt \tag{8.28}$$

$$= \left(\frac{z}{2}\right)^\lambda \frac{(-i)}{2\pi} \int_C t^{-\lambda-1} \exp\left(t - \frac{z^2}{4t}\right) dt \tag{8.29}$$

ここで積分路 C は図 8.1 (a) に示されている．積分変数を $t=(z/2)u$ により u に変えると，以下のソニン (Sonin) の積分公式が得られる．

$$J_\lambda(z) = \frac{-i}{2\pi} \int_{C'} u^{-\lambda-1} \exp\left\{\frac{z}{2}\left(u - \frac{1}{u}\right)\right\} du \tag{8.30}$$

$|\arg z| < \pi/2$ を仮定すると積分路 C' は図 8.1 (a) と同じでよい．

ここで，$u = e^{-i\zeta}$ とおけば，

$$J_\lambda(z) = \frac{1}{2\pi} \int_{C''} e^{-iz\sin\zeta + i\lambda\zeta} d\zeta \tag{8.31}$$

となり，積分路 C'' は，図 8.1 (b) となる．

特に $\lambda = n$ (整数) の場合，C'' 上の $-\pi + i\infty$ から $-\pi$ への寄与と π から $\pi + i\infty$ までの寄与が打ち消されるので

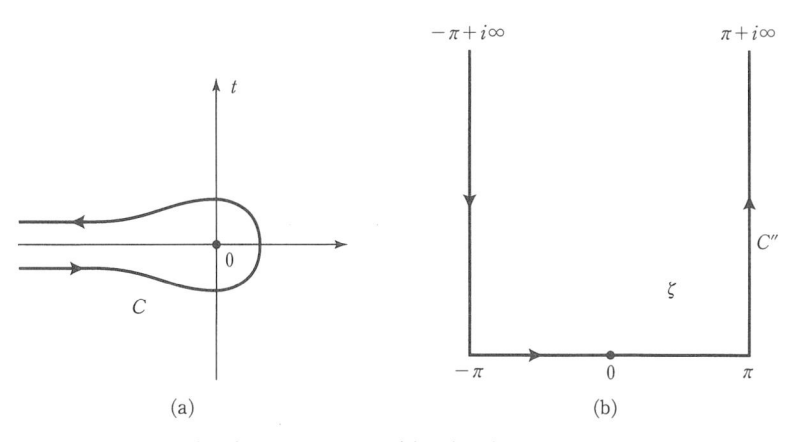

図 8.1　(8.29) 式での積分路，C (a) と (8.31) 式での積分路 C'' (b)

$$J_n(z) = \frac{1}{2\pi}\int_{-\pi}^{\pi} e^{-iz\sin\zeta + in\zeta} d\zeta \tag{8.32}$$

$$= \frac{1}{\pi}\int_0^{\pi} \cos(z\sin\zeta - n\zeta) d\zeta \tag{8.33}$$

となる．これはフーリエ(Fourier)級数の性質(本シリーズの『物理数学II』参照)により，

$$e^{iz\sin\zeta} = \sum_{n=-\infty}^{\infty} J_n(z) e^{in\zeta} \tag{8.34}$$

を意味する．(8.34)式で $e^{i\zeta} = t$ とおけば

$$e^{z(t-1/t)} = \sum_{n=-\infty}^{\infty} J_n(z) t^n \tag{8.35}$$

となる．(8.35)式は $J_n(z)$ の母関数表示と呼ばれる．

演習問題

8.1 ベッセル関数の収束半径を求めよ．

8.2 $J_{-n}(z) = (-1)^n J_n(z)$ を確かめよ．

8.3 (8.13)式および(8.20)式を導け．

8.4 変形ベッセル関数 $K_\lambda(z)$ が(8.25)式のようにハンケル関数で書けることを示せ．

8.5 (8.27)式を確かめよ．

8.6 関数

$$e^{(1/2)z(t-1/t)}$$

を t についてべき級数展開し，その n 次(n：正負の整数)，t^n の係数が(8.5)式と一致することを確かめよ．

8.7 (8.34)式を用いて，次式を確認せよ．

$$\cos(z\sin\zeta) = J_0(z) + 2\sum_{n=0}^{\infty} J_{2n}(z)\cos 2n\zeta$$

$$\sin(z\sin\zeta) = \sum_{n=1}^{\infty} J_{2n-1}(z)\sin(2n-1)\zeta$$

9

ルジャンドルの微分方程式

9.1 ルジャンドルの微分方程式と陪微分方程式

7.1節（ⅰ）での(7.8), (7.9)式で与えられる微分方程式を考えよう.

$$\left\{\frac{1}{\sin\theta}\frac{\partial}{\partial\theta}\left(\sin\theta\frac{\partial}{\partial\theta}\right)+\frac{1}{\sin^2\theta}\frac{\partial^2}{\partial\varphi^2}+l(l+1)\right\}Y(\theta,\varphi)=0 \qquad (9.1)$$

$Y(\theta,\varphi)$ の φ 依存性は $e^{im\varphi}$ $(m=0,1,2,\cdots)$ であると仮定すると $Y(\theta,\varphi)=w(\theta)e^{im\varphi}$ で定義される $w(\theta)$ は

$$\frac{1}{\sin\theta}\frac{d}{d\theta}\left(\sin\theta\frac{dw}{d\theta}\right)-\frac{m^2}{\sin^2\theta}w+l(l+1)w=0 \qquad (9.2)$$

となる. ここで $\cos\theta=z$ とおくと $-\sin\theta d\theta=dz$ であるから

$$\frac{d}{dz}\left\{(1-z^2)\frac{dw}{dz}\right\}-\frac{m^2}{1-z^2}w+l(l+1)w=0 \qquad (9.3)$$

$m=0$ のときこの微分方程式をルジャンドル(Legendre)の微分方程式という. また $m=1,2,3\cdots$, $l=1,2,3\cdots$ で $l\geq m$ のときルジャンドルの陪微分方程式という.

まず(9.3)式で $m=0$ とおき, l は任意としよう.

$$L[w]=(1-z^2)\frac{d^2w}{dz^2}-2z\frac{dw}{dz}+l(l+1)w=0 \qquad (9.4)$$

$z=\pm 1$ は確定特異点で, (7.27)式の決定方程式は

$$\rho(\rho-1)+\rho=\rho^2=0 \qquad (9.5)$$

となり, $\rho=0$ が重根である. したがって, 7.2節により $z=+1$ あるいは $z=-1$ のまわりでべき級数展開の形で書ける解 $w_1(z)$ があり, もう一方の解 $w_2(z)$ は必ず $\ln(z-1)$ あるいは $\ln(z+1)$ を含む. このことは l の値によらない.

確定特異点, $z=\pm 1$ 近傍でのべき級数解は, $\rho=0$ であるから, $z=0$ のまわりのべき級数解で表現できるはずであるので, この関数 $w(z)$ を $P_l(z)$ 書くこ

とにして

$$w = P_l(z) = \sum_{\nu=0}^{\infty} a_\nu z^\nu \tag{9.6}$$

と仮定しよう．これを (9.4) 式に代入すると

$$L[w] = \sum_{\nu=0}^{\infty} [(\nu+2)(\nu+1)a_{\nu+2} - \{\nu(\nu+1) - l(l+1)\} a_\nu] z^\nu \tag{9.7}$$

となり

$$(\nu+2)(\nu+1)a_{\nu+2} = \{\nu(\nu+1) - l(l+1)\} a_\nu = (-1)(l-\nu)(l+\nu+1) a_\nu \tag{9.8}$$

が得られる．この式により，a_0 を用いて $a_2, a_4, \cdots$ が，また，a_1 を用いて $a_3, a_5, \cdots$ が表される．したがって，$a_0 \neq 0, a_1 = 0$ ととれば偶関数が，$a_0 = 0, a_1 \neq 0$ では奇関数の解が得られる．もし，l が正の整数ならば，(9.8) 式より $a_{l+2} = 0$, $a_{l+4} = 0, \cdots$ となり，$P_l(z)$ はたかだか l 次の多項式となる．しかし l が正の整数でない場合は，$P_l(z)$ は無限級数となり，$\nu \gg l$ では，(9.8) 式により，

$$\frac{a_{\nu+2}}{a_\nu} \longrightarrow 1$$

となり，$P_l(z) = \sum_{\nu=0}^{\infty} a_\nu z^\nu$ は $z = \pm 1$ で発散する．量子力学の問題，(9.1) 式では $Y(\theta, \varphi)$ は波動関数であり，

$$\int_0^{2\pi} d\varphi \int_0^\pi d\theta \sin\theta |Y(\theta, \varphi)|^2 = 2\pi \int_{-1}^1 d\cos\theta |P_e(\cos\theta)^2|$$

が有界となる必要があるため (9.2) 式の解として物理的に意味があるのは l が正の整数である場合に限られるのである．

l が整数の場合，$P_l(z)$ のべき級数は有限項しかなく多項式となる．これがルジャンドル多項式 $P_l(z)$ である．このとき，$w_2(z)$ に対応する $\ln(z-1), \ln(z+1)$ を含む関数 $Q_l(z)$ はルジャンドルの陪多項式と呼ばれる．

$P_l(z)$ について詳しく見てみよう．

9.2 ルジャンドルの多項式

(9.1) 式で l を整数としよう．l が負の整数，$l = -l'$ ($l' = 0, 1, \cdots$) のとき $l(l+1) = l'(l'-1)$ であるから一般に正の整数を考えれば十分であるので以下これを仮定する．

(9.8) 式で見たように l が偶数ならば l 次の偶関数多項式が，また，l が奇数ならば l 次の奇関数多項式が得られる．この多項式解で

9.2 ルジャンドルの多項式

$$a_l = \frac{(2l)!}{2^l (l!)^2} \tag{9.9}$$

ととると (9.8) 式により

$$a_{l-2} = (-1)\frac{l(l-1)}{2(2l-1)} a_l \tag{9.10}$$

となり，順次この操作を行って

$$\begin{aligned}
a_{l-2\mu} &= (-1)^\mu \frac{l(l-1)(l-2)(l-3)\cdots(l-2\mu+1)}{2\cdot4\cdots2\mu(2l-1)(2l-3)\cdots(2l-2\mu+1)} a_l \\
&= (-1)^\mu \frac{l!(2l-2\mu)!2^{\mu-1}(l-1)!}{2^\mu \mu!(l-2\mu)!(2l-1)!(l-\mu)!} a_l \\
&= (-1)^\mu \frac{(2l-2\mu)!}{2^l \mu!(l-2\mu)!(l-\mu)!}
\end{aligned} \tag{9.11}$$

このときの解を $P_l(z)$ と書くと

$$P_l(z) = \sum_{\mu=0}{}' (-1)^\mu \frac{(2l-2\mu)!}{2^l \mu!(l-2\mu)!(l-\mu)!} z^{l-2\mu} \tag{9.12}$$

ここで μ についての和の上限は $l/2$ を越えない最大の整数である．$z \to (z\pm1)\mp1$ と考えれば (9.12) 式は $(z\pm1)$ についての l 次の多項式である．したがってこの解は確定特異点近傍の l 次の多項式とみなせる．具体的には

$$P_0(z)=1, \quad P_1(z)=z, \quad P_2(z)=\frac{3}{2}z^2-\frac{1}{2}, \quad P_3(z)=\frac{5}{2}z^3-\frac{3}{2}z \tag{9.13}$$

などとなる．

　$P_l(z)$ はルジャンドルの多項式あるいは第1種ルジャンドル関数と呼ばれる．この解 $P_l(z)$ は次のようにも表現することができる．

$$P_l(z) = \frac{1}{2^l l!} \frac{d^l(z^2-1)^l}{dz^l} \tag{9.14}$$

これは $(z^2-1)^l$ を 2 項展開し項別微分することによって確かめることができる．(9.14) 式はロドリゲス (Rodrigues) の公式と呼ばれる (演習問題 9.1)．また $z=1$ 近傍では，$(z^2-1)^l \simeq 2^l(z-1)^l$ また $z=-1$ 近傍では $(z^2-1)^l \simeq (-2)^l(z+1)^l$ となることに注意すると次の関係式

$$P_l(1)=1, \quad P_l(-1)=(-1)^l \tag{9.15}$$

が，簡単に得られる (演習問題 9.2)．

9.3 ルジャンドル関数の母関数表示

$P_l(z)$ (l は整数) を用いた便利な展開公式として

$$(1-2\rho z+\rho^2)^{-1/2}=\sum_{l=0}^{\infty}P_l(z)\rho^l \qquad (9.16)$$

がある．これは $(2\rho z-\rho^2)$ が小さいとして展開し，その結果を改めて ρ について整理することによって直接確認できるが，次のようにしても算出できる．

ロドリゲスの公式 (9.14) を用いて (9.16) 式の右辺を次のように書く．

$$\sum_{l=0}^{\infty}P_l(z)\rho^l=\sum_{l=0}^{\infty}\frac{\rho^l}{2^l l!}\left(\frac{l!}{2\pi i}\oint_c\frac{(\zeta^2-1)^l}{(\zeta-z)^{l+1}}d\zeta\right) \qquad (9.17)$$

ここで ζ についての積分路 C は z のまわりに正の向きに1周する閉じた路であり，次のコーシーの積分公式に注意した，

$$f(z)=\frac{1}{2\pi i}\oint_c\frac{f(\zeta)}{(\zeta-z)}d\zeta \qquad (9.18\,\text{a})$$

$$f^{(l)}(z)=\frac{l!}{2\pi i}\oint_c\frac{f(\zeta)}{(\zeta-z)^{l+1}}d\zeta \qquad (9.18\,\text{b})$$

(9.17) 式の右辺で ζ についての積分と l についての和の順序を交換すると，(積分路 C 上で常に $|\zeta^2-1|/|\zeta^2-z|<1$ が成立することとすると) l についての和は簡単にとれて，

$$\frac{1}{2\pi i}\oint_c\frac{1}{\zeta-z-(\rho/2)(\zeta^2-1)}d\zeta=-\frac{2}{\rho}\frac{1}{2\pi i}\oint_c\frac{1}{(\zeta-\zeta_+)(\zeta-\zeta_-)}d\zeta \qquad (9.19\,\text{a})$$

$$=-\frac{2}{\rho}\frac{1}{(\zeta_--\zeta_+)}=\frac{1}{\sqrt{1-2\rho z+\rho^2}} \qquad (9.19\,\text{b})$$

ここで $\zeta_{\pm}=\{1\pm\sqrt{1-2\rho z+\rho^2}\}/\rho$ であり (9.19 a) 式の ζ についての積分路 C の中には ζ_- のみが含まれること (これはたとえば ρ が十分小さいとしてみれば確かめられる) に注意した．(9.19 b) 式は (9.16) 式の左辺である．

(9.16) 式は $P_l(z)$ の母関数表示である．この母関数はポテンシャル問題でしばしば有用である．重力のように2点間の距離 r の逆数に比例するポテンシャルの場合，図9.1のA,B2点間のポテンシャルをA,Bそれぞれの座標を用いて表現すると次のようになる，

$$\begin{aligned}r&=\{(\boldsymbol{r}_1-\boldsymbol{r}_2)^2\}^{1/2}=\{r_1^2+r_2^2-2\boldsymbol{r}_1\cdot\boldsymbol{r}_2\}^{1/2}\\&=(r_1^2+r_2^2-2r_1r_2\cos\theta)^{1/2}\end{aligned} \qquad (9.20)$$

9.3 ルジャンドル関数の母関数表示

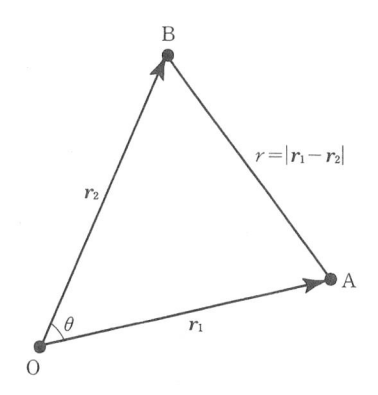

図 9.1 A, B 点と r の関係

であり，$r_1 > r_2$ であれば $r_2/r_1 \equiv \rho < 1$ と考え，
$$r = r_1(1 - 2\rho \cos\theta + \rho^2)^{1/2}$$
となるので (9.16) 式により

$$\frac{1}{r} = \frac{1}{r_1} \sum_{l=0}^{\infty} P_l(\cos\theta) \left(\frac{r_2}{r_1}\right)^l \quad (r_1 > r_2) \tag{9.21 a}$$

という表式が得られる．また，$r_2 > r_1$ であれば，

$$\frac{1}{r} = \frac{1}{r_2} \sum_{l=0}^{\infty} P_l(\cos\theta) \left(\frac{r_1}{r_2}\right)^l \quad (r_2 > r_1) \tag{9.21 b}$$

となる．(9.21 a), (9.21 b) 式をルジャンドル展開ともいう．

$P_l(z)$ は次の漸化式を満たす (演習問題 9.3)．

$$(l+1)P_{l+1}(z) - (2l+1)zP_l(z) + lP_{l-1}(z) = 0 \tag{9.22}$$

$$lP_l(z) = z\frac{dP_l(z)}{dz} - \frac{dP_{l-1}(z)}{dz} \tag{9.23}$$

また，実軸に沿っての 2 つの確定特異点間の積分に関して，以下の関係式がある (演習問題 9.4)．

$$\int_{-1}^{1} dx P_l(x) P_k(x) = \begin{cases} 0 & (l \neq k) \tag{9.24 a} \\ \dfrac{2}{2l+1} & (l = k) \tag{9.24 b} \end{cases}$$

(9.24 a) 式の関係が成立することを $P_l(x)$ は区間 $[-1, 1]$ での直交系を作るという．(9.24 a), (9.24 b) 式により $[-1, 1]$ の区間での任意の関数 $f(x)$ は $P_l(x)$ で展開できる．

$$f(x)=\sum_{l=0}^{\infty}f_{l}P_{l}(x) \qquad (9.25\text{ a})$$

$$f_{l}=\frac{2l+1}{2}\int_{-1}^{1}f(x)P_{l}(x)dx \qquad (9.25\text{ b})$$

$P_l(x)$ の直交性は，微分方程式，(9.4)式からも直接導出される．k, l を異なる整数としたとき，そのおのおのが満たす微分方程式

$$(1-z^2)\frac{d^2P_l}{dz^2}-2z\frac{dP_l}{dz}+l(l+1)P_l=0$$

$$(1-z^2)\frac{d^2P_k}{dz^2}-2z\frac{dP_k}{dz}+k(k+1)P_k=0$$

のそれぞれに P_k および P_l を掛け，引き算をし，区間 $[-1,1]$ で積分すると次式が得られる．

$$\int_{-1}^{1}\Big\{(1-z^2)\Big(P_k\frac{d^2P_l}{dz^2}-P_l\frac{d^2P_k}{dz^2}\Big)-2z\Big(P_k\frac{dP_l}{dz}-P_l\frac{dP_k}{dz}\Big)\Big\}$$

$$=\{k(k+1)-l(l+1)\}\int_{-1}^{1}P_lP_kdz \qquad (9.26)$$

部分積分することにより，左辺は 0 となることから右辺＝0，すなわち，直交性が確認される．(9.26)式は，第7章で導入された ((7.8)式) シュレーディンガー方程式の固有関数 $Y(\theta, \varphi)$ の間に直交関係が成立することを意味する．

ルジャンドル関数の積分表示は 14.3 節で与えられる．

9.4　第2種ルジャンドル関数

$l=0,1,2,\cdots$ の場合のルジャンドルの微分方程式の第1の解は $P_l(z)$ であったが次に第2の解 $Q_l(z)$ を求めよう．9.1節で見たようにこの解は必ず $\ln(z\pm 1)$ を含む．たとえば $z=1$ のまわりでのべき級数解は (7.31) 式により，A を適当な比例係数として

$$w_2(z)=AP_l(z)\ln(z-1)+\sum_{\nu=0}^{\infty}a_\nu(z-1)^\nu \qquad (9.27)$$

のように書ける．同様に $z=-1$ のまわりでのべき級数解は

$$\widetilde{w}_2(z)=\widetilde{A}P_l(z)\ln(z+1)+\sum_{\nu=0}^{\infty}\widetilde{a}_\nu(z+1)^\nu \qquad (9.28)$$

詳細な導出は省略するが，この両者をまとめて表現できるひとつの関数が存在しそれを $Q_l(z)$ と書く．

$$Q_l(z) = \frac{1}{2} P_l(z) \ln \frac{z+1}{z-1} - W_{l-1}(z) \tag{9.29}$$

ただし，$W_l(z)$ は z について $(l-1)$ 次の多項式である．具体的には以下のように与えられる．

$$\left. \begin{array}{l} W_{-1}(z)=0, \quad W_0(z)=1, \quad W_1(z)=\dfrac{3}{2}z \\[4pt] W_2(z)=\dfrac{5}{2}z^2-\dfrac{2}{3}, \quad W_3(z)=\dfrac{35}{8}z^3-\dfrac{55}{24}z \end{array} \right\} \tag{9.30}$$

9.5 ルジャンドルの陪微分方程式

これまでルジャンドルの微分方程式 (9.3) の $m=0$ の場合について考えてきた．以下では $m=1,2,\cdots$，$l=1,2,\cdots$，$l \geq m$ の場合について，つまり，ルジャンドルの陪微分方程式について考えよう．この関数も物理学においてしばしば顔を出す．

(9.3) 式の解 $w(z)$ は (9.4) 式のルジャンドルの微分方程式の解 $v(z)$ を用いて

$$w(z) = (1-z^2)^{m/2} \frac{d^m v(z)}{dz^m} \tag{9.31}$$

で与えられる．これは (9.4) 式の左辺を m 回微分して得られる方程式

$$\left\{ (1-z^2)\frac{d^{m+2}}{dz^{m+2}} - 2z(m+1)\frac{d^{m+1}}{dz^{m+1}} - m(m+1)\frac{d^m}{dz^m} + l(l+1)\frac{d^m}{dz^m} \right\} v(z) = 0 \tag{9.32}$$

を (9.31) 式により $w(z)$ の微分方程式に変形することで確認できる．

こうしてルジャンドルの陪微分方程式の 2 つの独立な解，$w_1(z), w_2(z)$ は 9.2 節などの結果を用いて

$$w_1(z) = (1-z^2)^{m/2} \frac{d^m}{dz^m} P_l(z) \equiv P_l^m(z) \tag{9.33}$$

$$w_2(z) = (1-z^2)^{m/2} \frac{d^m}{dz^m} Q_l(z) \equiv Q_l^m(z) \tag{9.34}$$

となる．$d^m P_l(z)/dz^m$ は z について $(l-m)$ 次の多項式である．この多項式は超球多項式とも呼ばれる．

この $P_l^m(z)$ の間には次の直交関数が成立する（演習問題 9.5）．

$$I_{kl} \equiv \int_{-1}^{1} P_k{}^m(x) P_l{}^m(x) dx = \delta_{kl} \frac{2}{2l+1} \frac{(1+m)!}{(l-m)!} \tag{9.35}$$

(9.35)式もシュレーディンガー方程式の固有関数の間に成立する直交性を意味する.

(9.3)式では m は m^2 という形で現れることに注意すると,

$$Y_{lm}(\theta, \varphi) \equiv N_{lm} e^{im\varphi} P_l{}^{|m|}(\cos\theta) \tag{9.36}$$

$$N_{lm} = \left(\frac{2l+1}{4\pi} \frac{(l-|m|)!}{(l+|m|)!} \right)^{1/2} \tag{9.37}$$

は次の正規直交関係を満たすことがわかる.

$$\int_0^\pi \sin\theta d\theta \int_0^{2\pi} Y_{kn}{}^*(\theta, \varphi) Y_{lm}(\theta, \varphi) d\varphi = \delta_{kl} \delta_{nm} \tag{9.38}$$

$P_l{}^m(\cos\theta)$ のいくつかを具体的に表示すると以下のとおりである.

$l=0$, $\quad P_0(\cos\theta) = 1$ \hfill (9.39)

$l=1$, $\quad P_1(\cos\theta) = \cos\theta$, $\quad P_1{}^1(\cos\theta) = \sin\theta$ \hfill (9.40)

$l=2$, $\quad P_2(\cos\theta) = \frac{1}{2}(3\cos^2\theta - 1)$, $\quad P_2{}^1(\cos\theta) = 3\sin\theta \cos\theta$

$\quad P_2{}^2(\cos\theta) = 3\sin^2\theta$ \hfill (9.41)

$l=3$, $\quad P_3(\cos\theta) = \frac{1}{2}(5\cos^3\theta - 3\cos\theta)$, $\quad P_3{}^1(\cos\theta) = \frac{3}{2}\sin\theta(5\cos^2\theta - 1)$

$\quad P_3{}^2(\cos\theta) = 15\cos\theta \sin^2\theta$, $\quad P_3{}^3(\cos\theta) = 15\sin^3\theta$ \hfill (9.42)

上の $P_l{}^m(\cos\theta)$ の表示に注意すると, x, y, z を座標ベクトル $\boldsymbol{r}$ (大きさを r と書く)の成分としたときに $x = r\sin\theta\cos\varphi$, $y = r\sin\theta\sin\varphi$, $z = r\cos\theta$ に注意すると $r^l Y_l{}^m(\theta, \varphi)$ は次のようになる((θ, φ) の表記は省略する).

$l=0(s)$, $\quad r^0 Y_0{}^0 = $ 定数

$l=1(p)$, $\quad rY_1{}^0 \propto z$, $\quad r(Y_1{}^1 + Y_1{}^{-1}) \propto x$, $\quad r(Y_1{}^1 - Y_1{}^{-1}) \propto y$

$l=2(d)$, $\quad r^2 Y_2{}^0 \propto (3z^2 - r^2)$, $\quad r^2(Y_2{}^1 + Y_2{}^{-1}) \propto xz$

$\quad r^2(Y_2{}^1 - Y_2{}^{-1}) \propto yz$, $\quad r^2(Y_2{}^2 - Y_2{}^{-2}) \propto xy$

$\quad r^2(Y_2{}^2 + Y_2{}^{-2}) \propto x^2 - y^2$

$l=3(f)$, $\quad r^3 Y_3{}^0 \propto z(5z^2 - 3r^2)$, $\quad r^3(Y_3{}^1 + Y_3{}^{-1}) \propto x(5z^2 - r^2)$

$\quad r^3(Y_3{}^1 - Y_3{}^{-1}) \propto y(5z^2 - r^2)$, $\quad r^3(Y_3{}^2 + Y_3{}^{-2}) \propto z(x^2 - y^2)$

$\quad r^3(Y_3{}^2 - Y_3{}^{-2}) \propto zxy$, $\quad r^3(Y_3{}^3 + Y_3{}^{-3}) \propto x(x^2 - 3y^2)$

$\quad r^3(Y_3{}^3 - Y_3{}^{-3}) \propto y(3x^2 - y^2)$

上で s, p, d, f と書いたのは量子化された角運動量を持つ状態を分類する名称

である．

演習問題

9.1 ロドリゲスの公式 (9.14) を確かめよ．

9.2 $P_l(z)$ の母関数表示を用いて (9.15) 式および

$$P_{2l+1}(0)=0$$

$$P_{2l}(0)=(-1)^l\frac{1\cdot 3\cdots(2l-1)}{2\cdot 4\cdots(2l)}$$

を確かめよ．

9.3 (9.22), (9.23) 式を導け．

9.4 (9.24 a), (9.24 b) 式を導け．

9.5 (9.35) 式を導け．

9.6 $z>0$ として

$$\int_{-1}^{1}(\cosh 2z-x)^{-1/2}P_n(x)dx=\sqrt{2}\frac{e^{-(2n+1)z}}{(n+1/2)}$$

を示せ．

9.7
$$\int_{-1}^{1}dz\, zP_l(z)P_{l+1}(z)=\frac{2(l+1)}{(2l+1)^2}$$

を示せ．

9.8 (9.22), (9.23) 式を用いて以下の式を確かめよ．

(ⅰ) $P_{l+1}'(z)-zP_l'(z)=(l+1)P_l(z)$

(ⅱ) $P_{l+1}'(z)-P_{l-1}'(z)=(2l+1)P_l(z)$

(ⅲ) $(z^2-1)P_l'(z)=lzP_l(z)-lP_{l-1}(z)$

ここで $P_l'(z)=dP_l(z)/dz$ である．

10 超幾何微分方程式

10.1 超幾何級数

第8, 第9章では7.1節で紹介された微分方程式について具体的に考えたが, ここではより一般的な観点から見てみよう. 有限領域に確定特異点を有限個持ち, その他には特異点を持たない型の微分方程式をフックス (Fuchs) 型という. このとき $z=\infty$ は確定特異点または正則点いずれかとする. フックス型となるための条件を調べてみよう. a_k ($k=1, \cdots, n$) を確定特異点とすれば

$$\frac{d^2w}{dz^2} + p(z)\frac{dw}{dz} + q(z)w = 0 \tag{10.1}$$

$$p(z) = \sum_{k=1}^{n} \frac{A_k}{z-a_k} + H(z) \tag{10.2}$$

$$q(z) = \sum_{k=1}^{n} \left\{ \frac{B_k}{(z-a_k)^2} + \frac{C_k}{(z-a_k)} \right\} + K(z) \tag{10.3}$$

と書けるはずである. ここで $H(z)$, $K(z)$ はそれぞれいたるところで解析的な関数 (整関数) である. $z=\infty$ 近接では $z=1/\zeta$ と書いて (10.1) 式を ζ で表現すると次のようになる.

$$\frac{d^2w}{d\zeta^2} + \left\{ \frac{2}{\zeta} - \frac{1}{\zeta^2} p\left(\frac{1}{\zeta}\right) \right\} \frac{dw}{d\zeta} + \frac{1}{\zeta^4} q\left(\frac{1}{\zeta}\right) w = 0 \tag{10.4}$$

したがって, $\zeta=0$ すなわち $z=\infty$ も特異点の1つであるが $\zeta=0$ はたかだが確定特異点という条件があるので $p(1/\zeta)$, $q(1/\zeta)$ は $\zeta=0$ で少なくとも, それぞれ1次あるいは2次の零点を持つはずである. このことから (10.2), (10.3) 式の $H(z)=0$, $K(z)=0$, $\sum_{k=1}^{n} C_k = 0$ が要請される.

確定特異点 a_k をひとつしか持たないフックス型微分方程式は

$$\frac{d^2w}{dz^2} + \frac{A}{z-a}\frac{dw}{dz} + \frac{B}{(z-a)^2} w = 0 \tag{10.5}$$

の形になり, これは $z-a=e^t$ によって新しい変数 t を導入すれば簡単に解け

る．したがって，フックス型で最も簡単かつ自明でない場合は $z=\infty$ を含む3つの確定特異点を持つものとなるので以下でこの場合を考えよう．この確定特異点を一般性を失わずに $z=0, 1, \infty$ と考えることができるので (10.1) 式は次のように書ける．

$$\frac{d^2w}{dz^2}+\left(\frac{A_1}{z}+\frac{A_2}{z-1}\right)\frac{dw}{dz}+\left\{\frac{B_1}{z^2}+\frac{C}{z}+\frac{B_2}{(z-1)^2}-\frac{C}{(z-1)}\right\}w=0 \quad (10.6)$$

$z=0$ および $z=1$ での決定方程式の根の組を (ρ_1, ρ_2), (ρ_1', ρ_2') として $w=z^{\rho_2}(z-1)^{\rho_2'}v$ によって関数 $w(z)$ を $v(z)$ に変換すると，$v(z)$ に対する $z=0, 1$ での決定方程式の根のひとつは必ず 0 となる．したがって，(7.22), (7.27) 式により (10.6) 式で $B_1=B_2=0$ と考えてよい．こうして，A_1, A_2, C という3つの独立のパラメータを持つ微分方程式が得られる．A_1, A_2, C の代わりに α, β, γ を導入し (10.6) 式を次式のように表現する．

$$\frac{d^2w}{dz^2}+\frac{-\gamma+(1+\alpha+\beta)z}{z(z-1)}\frac{dw}{dz}+\frac{\alpha\beta}{z(z-1)}w=0 \quad (10.7)$$

これを超幾何微分方程式という．

次にこの超幾何微分方程式の解を求めよう．

まず $z=0$ 近傍のべき級数解を，$w(z)=z^\rho\sum_{\nu=0}^{\infty}a_\nu z^\nu$ とおくと係数 a_ν は

$$(\rho+\nu+1)(\rho+\nu+\gamma)a_{\nu+1}=(\rho+\nu+\alpha)(\rho+\nu+\beta)a_\nu \quad (10.8)$$

を満たす．(7.38) 式によれば決定方程式の根は $\rho=0, 1-\gamma$ であるから，γ が 0 または負の整数でなければ $\rho=0$ に対応する解として次式が得られる．

$$w_1=1+\frac{\alpha\cdot\beta}{1\cdot\gamma}z+\frac{\alpha(\alpha+1)\beta(\beta+1)}{1\cdot 2\cdot\gamma(\gamma+1)}z^2+\cdots\equiv F(\alpha,\beta,\gamma;z) \quad (10.9)$$

この $F(\alpha, \beta, \gamma; z)$ を超幾何級数という．収束円は $|z|=1$ である．このとき $\rho=1-\gamma$ に対応するもうひとつの解 w_2 は $w_2=z^{1-\gamma}v(z)$ によって $v(z)$ を導入し (10.7) 式を $v(z)$ に対する微分方程式に書き直すと

$$\frac{d^2v}{dz^2}+\frac{\gamma-2+(3+\alpha+\beta-2\gamma)z}{z(z-1)}\frac{dv}{dz}+\frac{(1-\gamma+\alpha)(1-\gamma+\beta)}{z(z-1)}v=0 \quad (10.10)$$

となる．これは (10.7) 式で $\alpha\to 1-\gamma+\alpha$, $\beta\to 1-\gamma+\beta$, $\gamma\to 2-\gamma$ としたのと同型であることに注意すると

$$w_2=z^{1-\gamma}F(1-\gamma+\alpha, 1-\gamma+\beta, 2-\gamma; z) \quad (10.11)$$

と書ける．こうして γ が 0 ないし負の整数でない場合の $z=0$ 近傍のべき級数解は (10.9), (10.11) 式で与えられる．

$z=1$ 近傍での解を求めるには $z=1-\xi$ によって微分方程式 (10.7) の変数を

ξ に変え，$\xi=0$ 近傍のべき級数解を考えることにする．

$$\frac{d^2w}{d\xi^2}+\frac{(1+\alpha+\beta-\gamma)-(1+\alpha+\beta)\xi}{\xi(\xi-1)}\frac{dw}{d\xi}+\frac{\alpha\beta}{\xi(\xi-1)}w=0 \qquad (10.12)$$

(10.7)式との比較により(10.12)式の解は直ちに求まり，$\xi=1-z$ により以下のようになる．

$$w_1=F(\alpha,\beta,1+\alpha+\beta-\gamma;1-z) \qquad (10.13)$$

$$w_2=(1-z)^{\gamma-\alpha-\beta}F(\gamma-\beta,\gamma-\alpha,1+\gamma-\alpha-\beta;1-z) \qquad (10.14)$$

同様に $z=\infty$ 近傍での解を求めるには $z=1/\xi$ により(10.7)式を書き直す．

$$\frac{d^2w}{d\xi^2}+\frac{\alpha+\beta-1+(2-\gamma)\xi}{\xi(\xi-1)}\frac{dw}{d\xi}-\frac{\alpha\beta}{\xi^2(\xi-1)}w=0 \qquad (10.14)$$

このままでは(10.7)式と同型ではないので $w=\xi^\alpha v$ により関数を v に変えて考える．

$$\frac{d^2v}{d\xi^2}+\frac{-1-\alpha+\beta+(2+2\alpha-\gamma)\xi}{\xi(\xi-1)}\frac{dv}{d\xi}+\frac{\alpha(1+\alpha-\gamma)}{\xi(\xi-1)}v=0 \qquad (10.15)$$

こうして，$z=\infty$ 近傍でのべき級数解は(10.7)式と比較することにより次のように書ける．

$$w_1=z^{-\alpha}F\left(\alpha,1-\gamma+\alpha,1+\alpha-\beta;\frac{1}{z}\right) \qquad (10.16)$$

$$w_2=z^{-\beta}F\left(\beta,1-\gamma+\beta,1-\alpha+\beta;\frac{1}{z}\right) \qquad (10.17)$$

10.2 ヤコビの多項式

有限個の項で終る超幾何級数解をヤコビ(Jacobi)の多項式という．そのための条件は，(10.9)式により，α,β いずれか一方が 0 ないし負の整数となることである．たとえば $\beta=-l$ (l は 0 あるいは正の整数)と仮定し，$\alpha=p+l$, $\gamma=q$ によって新たにパラメータ p,q を導入する．p,q は負の整数でないとすると (q についてはさらに 0 でないとする)

$$F(p+l,-l,q;z)=1-\frac{(p+l)}{1\cdot q}z+\frac{l(l-1)(p+l)(p+l+1)}{1\cdot 2\cdot q\cdot(q+1)}z^2$$

$$\cdots+(-1)^l\frac{(p+l)(p+l+1)\cdots(p+2l-1)}{q(q+1)\cdots(q+l-1)}z^l$$

$$\equiv G_l(p,q;z) \qquad (10.18)$$

となる．(10.7)式によりこの $G_l(p,q;z)$ は次の微分方程式を満たす．

$$z(1-z)\frac{d^2 G_l}{dz^2}+\{q-(p+1)z\}\frac{dG_l}{dz}+l(p+l)G_l=0 \qquad (10.19)$$

これは次のように書くこともできる．

$$\left\{\frac{d}{dz}\left(z^q(1-z)^{p-q+1}\frac{d}{dz}\right)+z^{q-1}(1-z)^{p-q}l(p+l)\right\}G_l=0 \qquad (10.20)$$

(10.19) 式を用いると 9.3 節での $P_l^k(x)$ と同様な考察 (特に演習問題 9.5 参照) により $k \neq l$ のとき

$$\int_0^1 x^{q-1}(1-x)^{p-q}G_k(x)G_l(x)dx=0 \qquad (10.21)$$

となることがわかる．一方 (10.18) 式の各項と比較することにより

$$G_l(p,q,z)=\frac{z^{1-q}(1-z)^{q-p}}{q(q+1)\cdots(q+l-1)}\frac{d^l}{dz^l}\{z^{q+l-1}(1-z)^{p+l-q}\} \qquad (10.22)$$

と表されることがわかる．この表式を用いれば，(9.35) 式を導出したときと同様に部分積分をくり返すことにより (演習問題 10.4)，

$$\int_0^1 x^{q-1}(1-x)^{p-q}\{G_l(x)\}^2 dx=\frac{1}{p+2l}\frac{\Gamma(l+1)\Gamma(q)^2\Gamma(p+l-q+1)}{\Gamma(p+l)\Gamma(q+l)} \qquad (10.23)$$

が導かれる．このヤコビの多項式を用いれば，ルジャンドルの多項式と陪多項式は次のように表現される (演習問題 10.5)．

$$P_l(z)=G_l\left(1,1;\frac{1-z}{2}\right)=F\left(l+1,-l,1;\frac{1-z}{2}\right) \qquad (10.24)$$

$$P_l^m(z)=(1-z^2)^{m/2}\frac{(l+m)!}{2^m m!(l-m)!}G_{l-m}\left(m+1,m+1;\frac{1-z}{2}\right) \qquad (10.25)$$

また，

$$G_l\left(0,\frac{1}{2};\frac{1-z}{2}\right)=F\left(l,-l,\frac{1}{2};\frac{1-z}{2}\right)$$

という多項式はチェビシェフ (Chebyshev) 多項式，$T_l(z)$ と呼ばれ，

$$T_l(z)=\cos(l\cos^{-1}z) \qquad (10.26)$$

である．

演習問題

10.1 超幾何級数の収束半径を求めよ．

10.2 次式を確かめよ．
　　(ⅰ) $(1+z)^n=F(-n,\beta;\beta;-z)$

(ⅱ) $\ln(1+z) = F(1, 1; 2; -z)$

(ⅲ) $e^z = \lim_{\beta \to \infty} F\left(1, \beta; 1; \dfrac{z}{\beta}\right)$

10.3 (10.22)式が成立することを確かめよ．

10.4 (10.21)，(10.23)式を確かめよ．

10.5 $\alpha = l+1$, $\beta = -l$, $\gamma = 1$ とおき，さらに $z = (1-\zeta)/2$ と変数変換すると，超幾何微分方程式がルジャンドルの微分方程式となることを示せ．さらにこれを用いて (10.24)式を確かめよ．また
$$P_l(z) = P_{-l-1}(z)$$
が成立することを示せ．

11
合流型超幾何微分方程式とラゲールの微分方程式

11.1 合流型超幾何微分方程式

超幾何微分方程式 (10.7) で $\beta z = \zeta$ により変数変換すると

$$\zeta\left(1-\frac{\zeta}{\beta}\right)\frac{d^2w}{d\zeta^2}+\left(\gamma-\frac{1+\alpha+\beta}{\beta}\zeta\right)\frac{dw}{d\zeta}-\alpha w=0 \tag{11.1}$$

となり確定特異点は $\zeta=0, \beta, \infty$ にある.ここで $\beta\to\infty$ とすると

$$\zeta\frac{d^2w}{d\zeta^2}+(\gamma-\zeta)\frac{dw}{d\zeta}-\alpha w=0 \tag{11.2}$$

となる.これを合流型超幾何微分方程式という.$\zeta=0$ は (11.2) 式の確定特異点であるが,$\zeta=\infty$ は 2 つの確定特異点が合流しておりしたがって確定特異点ではない.実際,$\zeta=1/t$ とおくと (11.2) 式は

$$\frac{d^2w}{dt^2}+\frac{1}{t}\left(2-\gamma+\frac{1}{t}\right)\frac{dw}{dt}-\frac{\alpha}{t^3}w=0$$

となり,$t=0$,すなわち $\zeta=\infty$ は 7.2 節の定義により確定特異点ではない.

$\zeta=0$ 近傍での級数解は,(10.9) 式により γ を 0 または負の整数でないとして

$$\begin{aligned}F(\alpha,\beta,\gamma;\beta z) &\xrightarrow{\beta\to\infty} 1+\frac{\alpha}{1\cdot\gamma}\zeta+\frac{\alpha(\alpha+1)}{1\cdot 2\cdot\gamma(\gamma+1)}\zeta^2+\cdots \\ &\equiv F(\alpha,\gamma;\zeta)\end{aligned} \tag{11.3}$$

で与えられる.$F(\alpha,\gamma;z)$ は $|z|<\infty$ で収束する.このときもうひとつの解 w_2 は (10.11) 式により

$$w_2=z^{1-\gamma}F(1-\gamma+\alpha,2-\gamma;z) \tag{11.4}$$

で与えられる.

γ が 0 または負の整数の場合は $w=\zeta^{1-\gamma}v$ によって w の代わりに v を導入しそれが満たす微分方程式を考える.

$$\zeta\frac{d^2v}{d\zeta^2}+(2-\gamma-\zeta)\frac{dv}{d\zeta}-(1-\gamma+a)v=0 \tag{11.5}$$

となり $v(\zeta)$ については (11.2) 式で $\gamma \to 2-\gamma$ としたことになっており，これは 0 または負の整数でないので (11.3), (11.4) 式と同様にしてべき級数解が直ちに求まる．

11.2 ラゲールの多項式

次に量子力学で興味ある $\gamma=1$ の場合について詳しく見てみよう．ζ を改めて z と書き，$a=-\lambda$ によりパラメータ λ を導入すると

$$z\frac{d^2w}{dz^2}+(1-z)\frac{dw}{dz}+\lambda w=0 \tag{11.6}$$

となる．これはラゲールの微分方程式と呼ばれる．$z=0$ での決定方程式は重根 0 を持つので $\ln z$ を含む解があるが $z=0$ で有界な解 w_1 は次のように書ける．

$$w_1=F(-\lambda,1;z)=1-\lambda z+\frac{\lambda(\lambda-1)}{(2!)^2}z^2+\cdots \tag{11.7}$$

もし，$\lambda=n=0,1,2,\cdots$ とすると上の w_1 は n 次の多項式となる．全体に係数 $n!$ を掛けて定義される多項式がラゲールの多項式である．

$$\begin{aligned}L_n(z)&\equiv n!F(-n,1;z)\\ &=(-1)^n\Big(z^n-\frac{n^2}{1!}z^{n-1}+\frac{n^2(n-1)^2}{2!}z^{n-2}+\cdots+(-1)^n n!\Big)\\ &=e^z\frac{d^n}{dz^n}(z^n e^{-z})\end{aligned} \tag{11.8}$$

具体的な表示をはじめの数例に対して書くと以下のようである．

$$\left.\begin{aligned}L_0(z)&=1\\ L_1(z)&=-z+1\\ L_2(z)&=z^2-4z+2\\ L_3(z)&=-z^3+9z^2-18z+6\end{aligned}\right\} \tag{11.9}$$

(11.6) 式で $\lambda=n$ とすると $L_n(z)$ に対する微分方程式は以下のようにも表現できる．

$$z\frac{d^2L_n}{dz^2}+(1-z)\frac{dL_n}{dz}+nL_n \tag{11.10a}$$

$$= e^z \left\{ \frac{d}{dz}\left(ze^{-z}\frac{dL_n}{dz}\right) + ne^{-z}L_n \right\} = 0 \tag{11.10 b}$$

(11.10 b) 式を用いると，k, n を正の整数としたとき

$$\int_0^\infty e^{-x} L_k(x) L_n(x) dx = \delta_{kn} (n!)^2 \tag{11.11}$$

が成立する (演習問題 10.1).

$L_n(z)$ の母関数表示は次式で与えられる (演習問題 10.2).

$$\sum_{n=0}^\infty \frac{L_n(z)}{n!} t^n = \frac{1}{1-t}\exp\left(-\frac{zt}{1-t}\right) \tag{11.12}$$

この両辺を，z ないしは t で微分することにより，以下の漸化式が導かれる．

$$L_{n+1}(z) - (2n+1-z)L_n(z) + n^2 L_{n-1}(z) = 0 \tag{11.13 a}$$

$$\frac{d}{dz} L_n(z) = n\frac{d}{dz} L_{n-1}(z) - n L_{n-1}(z) \tag{11.13 b}$$

$$z\frac{d}{dz} L_n(z) = n L_n(z) - n^2 L_{n-1}(z) \tag{11.13 c}$$

以上に調べた $L_n(z)$ は，ラゲールの微分方程式 (11.6) 式の解のうち $z=0$ で発散を求まない $F(-\lambda, 1; z)$ の特別な場合，$\lambda = n$ に対応する解であった．もし $\lambda \neq n$ のとき，x を実数とすると (11.7) 式により $F(-\lambda, 1; x)$ の x^ν の係数は

$$\frac{(-\lambda)(-\lambda+1)\cdots(-\lambda+\nu-1)}{(\nu!)^2} = \left(1 - \frac{\lambda+1}{1}\right)\left(1 - \frac{\lambda+1}{2}\right)\cdots\left(1 - \frac{\lambda+1}{\nu}\right)\frac{1}{\nu!} \tag{11.14}$$

となるため，$x \to \infty$ とともに $e^{-x/2} F(-\lambda, 1; x) \to \infty$, いい換えれば，ラゲールの微分方程式の解で $x \to \infty$ とともに $e^{-x/2} F(-\lambda, 1; x) < \infty$ を満たすためには $\lambda = n$ (0 または正の整数) が必要である．これは量子力学の問題を解く際に重要な事実となる．

11.3　ラゲールの陪微分方程式

合流型超幾何微分方程式 (11.2) 式で m を 0 または正の整数として $\gamma = m+1, \alpha = -\lambda + m$ の場合を考えよう．

$$z\frac{d^2 w}{dz^2} + (m+1-z)\frac{dw}{dz} + (\lambda - m)w = 0 \tag{11.15}$$

これは次のように書くこともできる．

$$\frac{d}{dz}\left(z^{m+1}e^{-z}\frac{dw}{dz}\right)+(\lambda-m)z^m e^{-z}w=0 \tag{11.16}$$

(11.16)式は，ラゲールの陪微分方程式と呼ばれる．この微分方程式はラゲールの微分方程式(11.6)式をm回微分することによって得られるので，$\lambda=n=0,1,\cdots$の場合の(11.15)式の解は次式で与えられる．

$$w_1(z)=\frac{d^m L_n(z)}{dz^m}\equiv L_n^m(z) \tag{11.17}$$

この場合，$L_n(z)$はn次の多項式であるから$m\leq n$が要請される．$L_n^m(z)$はラゲールの陪多項式と呼ばれ，正の整数k,nに対して次の直交関係が成立する．

$$\int_0^\infty x^m e^{-x} L_k^m(x) L_n^m(x) dx = \delta_{kn}\frac{(n!)^3}{(n-m)!} \tag{11.18}$$

さらに

$$\int_0^\infty x^{m+1} e^{-x} L_n^m(x)^2 dx = \frac{(n!)^3}{(n-m)!}(2n-m+1) \tag{11.19}$$

が成立する．(11.19)式は水素原子の束縛状態を理解する際に必要となる．

11.4　水素原子の波動関数

(7.1)節(ii)で見たように水素原子中の電子の固有状態の波動関数$u(\boldsymbol{r})$は(7.12)式の微分方程式を満たす．原子核(原点$r=0$に存在していると仮定)はプラスに帯電しており，$A=Ze^2$となっている．ここで$-e$は電子の持つ電荷である．Zは原子番号であり，水素原子の場合には$Z=1$となる．この引力による束縛状態が興味の対象となるので(7.1)式のEが負となる解を求めることになる．こうして(7.12)式で導入したκは$\kappa^2=-2mE/\hbar^2=2m|E|/\hbar^2>0$となる．このような中心力の場合は極座標$(r,\theta,\varphi)$が便利であり，$u(\boldsymbol{r})$を変数分離し$(\theta,\varphi)$部分については$Y_l^m(\theta,\varphi)$，(9.36)式が解になることに注意すると$u(\boldsymbol{r})=w(r)Y_l^m(\theta,\varphi)$と書け，動径方向$w(r)$についての微分方程式は

$$\left(\frac{d^2}{dr^2}+\frac{2}{r}\frac{d}{dr}-\kappa^2+\frac{\alpha}{r}-\frac{l(l+1)}{r^2}\right)w(r)=0 \tag{11.20}$$

となる．これが(7.13)式である．この式からκ^{-1},α^{-1}が長さの次元を持つ量であることがわかる．そこで$1/\alpha=\hbar^2/2me^2=a_B/2$により$a_B$という長さを定義する．この$a_B=\hbar^2/me^2$はボーア(Bohr)半径と呼ばれる．まず$r$をこの$\alpha^{-1}$で測り，無次元量$s\equiv\alpha r=2r/a_B$を用いて(11.20)式を書き直す．

11.4 水素原子の波動関数

$$\left(\frac{d^2}{ds^2}+\frac{2}{s}\frac{d}{ds}-\varepsilon+\frac{1}{s}-\frac{l(l+1)}{s^2}\right)w(s)=0 \tag{11.21}$$

ここで $\varepsilon=\kappa^2/\alpha^2=|E|\hbar^2/2me^4$ である. (11.21) 式で $s\to\infty$ としたとき $w(s)\propto e^{-\sqrt{\varepsilon}s}$ となることがわかる. $2\sqrt{\varepsilon}s\equiv\rho$ を変数にとり $w=e^{-\rho/2}f(\rho)$ と書くと (11.21) 式は次のようになる.

$$\left(\frac{d^2}{d\rho^2}+\frac{2}{\rho}\frac{d}{d\rho}-\frac{1}{4}+\frac{\lambda}{\rho}-\frac{l(l+1)}{\rho^2}\right)e^{-\rho/2}f(\rho)$$
$$=e^{-\rho/2}\left(\frac{d^2f}{d\rho^2}+\left(\frac{2}{\rho}-1\right)\frac{df}{d\rho}+\frac{\lambda-1}{\rho}f-\frac{l(l+1)}{\rho^2}f\right)=0 \tag{11.22}$$

となる. ここで $\lambda\equiv 1/2\sqrt{\varepsilon}$ を定義した. (11.22) 式はさらに $f(\rho)=\rho^l R(\rho)$ によって導入された $R(\rho)$ についての次の微分方程式に変形される.

$$\rho\frac{d^2R}{d\rho^2}+\{(2l+1)+1-\rho\}\frac{dR}{d\rho}+\{(\lambda+l)-(2l+1)\}R=0 \tag{11.23}$$

これは 11.3 節で述べたラゲールの陪微分方程式と同じ型をしており $m=2l+1$ とみなせる. 11.3 節での議論により λ が正の整数でない限り, $e^{-\rho/2}\rho^l R(\rho)$ が $\rho\to\infty$ (もとの変数でいえば $r\to\infty$) で有界にならない. したがって (11.23) 式が物理的に意味ある解を持つためには $\lambda+l$ が正の整数であることが要請される. l は正の整数であるから $\lambda=n$ (正の整数) と書くことにする. こうして (11.23) 式の解は

$$R(\rho)=L_{n+l}^{2l+1}(\rho) \tag{11.24}$$

となる. すなわち, (11.20) 式の解 $w(r)$ は次式で与えられることになる.

$$w(r)=Ae^{-\rho/2}\rho^l L_{n+l}^{2l+1}(\rho)\equiv R_{nl}(\rho) \tag{11.25}$$

ここで $1/\sqrt{\varepsilon}=2\lambda=2n$ に注意すると $\rho=2r/na_B$ であり, 係数 A は

$$\int_0^\infty r^2 w(r)^2 dr=1 \tag{11.26}$$

となるように決めると (11.19) 式を用いて

$$A=\left\{\left(\frac{2}{na_B}\right)^3\frac{1}{2n}\frac{(n-l-1)!}{\{(n+l)!\}^3}\right\}^{1/2}\equiv A_{nl} \tag{11.27}$$

となる. ここでラゲール陪多項式の性質から $n+l\geq(2l+1)$, すなわち $n\geq l+1$ が要請される. $n=1,2,3$ であり, そのおのおのの n に対してとりうる l の値は次のようになる.

$$\left.\begin{array}{ll} n=1, & l=0 \\ n=2, & l=0,1 \\ n=3, & l=0,1,2 \end{array}\right\} \tag{11.28}$$

$l=0,1,2,3,\cdots$ は 9.4 節で紹介したように $s, p, d, f, \cdots$ 状態と呼ばれる．エネルギー固有値は l に関係なく，n の値によってのみ決まる．

$$E = -\frac{me^4}{2\hbar^2}\frac{1}{n^2} \tag{11.29}$$

$R_{nl}(\rho)$, (11.24) 式の異なる n についての直交性は $R_{nl}(\rho)$ が (11.21) 式を満たすことから導出される．$\rho=2r/na_B$, $\rho'=2r/ka_B$ と定義し

$$\left(\frac{d^2}{dr^2}+\frac{2}{r}\frac{d}{dr}-\frac{2m|E_n|}{\hbar^2}+\frac{2}{ra_B}-\frac{l(l+1)}{r^2}\right)R_{nl}(\rho)=0 \tag{11.30}$$

$$\left(\frac{d^2}{dr^2}+\frac{2}{r}\frac{d}{dr}-\frac{2m|E_k|}{\hbar^2}+\frac{2}{ra_B}-\frac{l(l+1)}{r^2}\right)R_{kl}(\rho')=0 \tag{11.31}$$

この第1式，第2式にそれぞれ $R_{kl}(\rho')$, $R_{nl}(\rho)$ を掛けて差を作り，r について積分すると

$$\int_0^\infty r^2 \left\{ R_{kl}(\rho')\frac{1}{r^2}\frac{d}{dr}\left(r^2\frac{dR_{nl}(\rho)}{dr}\right) - R_{nl}(\rho)\frac{1}{r^2}\frac{d}{dr}\left(r^2\frac{dR_{kl}(\rho')}{dr}\right)\right\}dr$$
$$-\frac{2m}{\hbar^2}(|E_n|-|E_k|)\int_0^\infty r^2 R_{kl}(\rho')R_{nl}(\rho)dr = 0 \tag{11.32}$$

であるがこの第1項が零となることから $|E_n|\neq|E_k|$ である n, k に対して

$$\int_0^\infty r^2 R_{nl}(\rho)R_{kl}(\rho')dr = 0 \tag{11.33}$$

となる．

こうして水素原子中の電子の正規直交化された波動関数は (11.25), (11.27) 式により

$$w(\boldsymbol{r}) = A_{nl} e^{-\rho/2} \rho^l L_{n+l}^{2l+1}(\rho) Y_{lm}(\theta,\varphi)$$

で与えられる．$\rho^l Y_{lm}(\theta,\varphi) \propto r^l Y_{lm}(\theta,\varphi)$ は第9章の最後に紹介した l 次の調和多項式である．

演習問題

11.1 $F(\alpha, \gamma; z)$ が $|z|<\infty$ で収束することを確かめよ．
11.2 (11.11) 式を導け．
11.3 (11.12) 式を導け．
11.4 (11.18), (11.19) 式を導け．

12

エルミートの微分方程式

12.1 エルミートの多項式

合流型超幾何微分方程式

$$z\frac{d^2w}{dz^2}+(\gamma-z)\frac{dw}{dz}-\alpha w=0 \tag{12.1}$$

で $z=\xi^2$ と変数変換すると

$$\frac{d^2w}{d\xi^2}+\left(\frac{2\gamma-1}{\xi}-2\xi\right)\frac{dw}{d\xi}-4\alpha w=0 \tag{12.2}$$

となる.ここで $\gamma=1/2$, $\alpha=-\lambda/2$ とおくと

$$\frac{d^2w}{d\xi^2}-2\xi\frac{dw}{d\xi}+2\lambda w=0 \tag{12.3}$$

が得られる.これはエルミートの微分方程式と呼ばれる.$\xi=0$ 近傍のべき級数解は,(11.3),(11.4) 式により直ちに

$$w_1=F\left(-\frac{\lambda}{2},\frac{1}{2};\xi^2\right) \tag{12.4}$$

$$w_2=\xi F\left(\frac{1-\lambda}{2},\frac{3}{2};\xi^2\right) \tag{12.5}$$

で与えられる.w_1 は ξ の偶関数で w_2 は奇関数である.11.2 節の終りで述べたと同様に,w_1, w_2 が無限級数であれば $w_1 e^{-\xi^2/2}$ または $w_2 e^{-\xi^2/2}$ は $\xi\to\infty$ で有限ではない.したがって $we^{-\xi^2/2}$ が有限であるためには w_1, w_2 が多項式でなくてはならない.$\lambda=n=0,1,2,\cdots$ で n が偶数であれば w_1 が,また,奇数であれば w_2 が多項式となる.これをエルミートの多項式といい $H_n(\xi)$ と書く.$\gamma=1/2$, $\alpha=-n/2$ として (12.4) 式あるいは (12.5) 式を書き下すことにより $H_n(\xi)$ についての以下の表式が得られる.

$$H_n(\xi)=(2\xi)^n-\frac{n(n-1)}{1!}(2\xi)^{n-2}+\frac{n(n-1)(n-2)(n-3)}{2!}(2\xi)^{n-4}+\cdots+L(\xi) \tag{12.6}$$

最後の項，$L(\xi)$ は n の偶奇に対応して以下のようになる．

$$L=\begin{cases} (-1)^{n/2}n!\Big/\left(\dfrac{n}{2}\right)! & (n:偶数) \quad\quad (12.7\text{a}) \\ 2\xi(-1)^{(n-1)/2}n!\Big/\left(\dfrac{n-1}{2}\right)! & (n:奇数) \quad\quad (12.7\text{b}) \end{cases}$$

(12.6) 式は次のようにも書ける．

$$H_n(\xi)=(-1)^n e^{\xi^2}\frac{d^n}{d\xi^n}e^{-\xi^2} \tag{12.8}$$

具体的には以下のようになる．

$$H_0(\xi)=1, \quad H_1(\xi)=2\xi, \quad H_2(\xi)=4\xi^2-2 \tag{12.9}$$

また，(12.3) 式は次のようにも表現できる．

$$\frac{d}{d\xi}\left(e^{-\xi^2}\frac{dw}{d\xi}\right)+2\lambda e^{-\xi^2}w=0 \tag{12.10}$$

これにより実区間 $[-\infty,\infty]$ での積分についての関係

$$\int_{-\infty}^{\infty}e^{-x^2}H_k(x)H_n(x)dx=\delta_{kn}2^n n!\sqrt{\pi} \tag{12.11}$$

が確認される．$k\neq n$ の場合は，第9章の場合と同様に，また，$k=n$ の場合は (12.8) 式を用いて部分積分をくり返し (12.6) 式により $H_n(x)$ の x^n の係数が 2^n であることに注意する．

$$\begin{aligned}\int_{-\infty}^{\infty}e^{-x^2}(H_n(x))^2 dx &= \int_{-\infty}^{\infty}e^{-x^2}\frac{d^n H_n(x)}{dx^n}dx \\ &= 2^n n!\int_{-\infty}^{\infty}e^{-x^2}=2^n n!\sqrt{\pi}\, dx\end{aligned} \tag{12.12}$$

$H_n(z)$ の母関数表示は以下のようである．

$$e^{2\xi t-t^2}=\sum_{n=0}^{\infty}\frac{H_n(\xi)}{n!}t^n \tag{12.13}$$

これも (9.16) 式，(11.12) 式と同様に以下のように簡単に確認できる．

$$\begin{aligned}\sum_{n=0}^{\infty}\frac{H_n(\xi)}{n!}t^n &= \sum\frac{t^n}{n!}(-1)^n e^{\xi^2}\left(\frac{n!}{2\pi i}\oint\frac{e^{-\zeta^2}}{(\zeta-\xi)^{n+1}}d\zeta\right) \\ &= e^{\xi^2}\frac{1}{2\pi i}\oint\frac{e^{-\zeta^2}}{\zeta-\xi+t}d\zeta = e^{\xi^2-(\xi-t)^2} \\ &= e^{2\xi t-t^2}\end{aligned} \tag{12.14}$$

(12.13) 式を用いると以下の漸化式が得られる．

$$\frac{d}{d\xi}H_n(\xi)=2nH_{n-1}(\xi) \tag{12.15\text{a}}$$

$$H_{n+1}(\xi) - 2\xi H_n(\xi) + 2n H_{n-1}(\xi) = 0 \qquad (12.15\,\mathrm{b})$$

12.2 調和振動子と磁場下の2次元電子

7.1節(iii)で見たように1次元の調和振動子に対するシュレーディンガー波動方程式の固有値問題は次式で与えられる．

$$\left(-\frac{\hbar^2}{2m}\frac{d^2}{dx^2} + \frac{m\omega^2}{2}x^2 - E\right)\varphi(x) \qquad (12.16)$$

長さの次元を持つ量，$x_0 \equiv \sqrt{\hbar/m\omega}$ により無次元量，$u = x/x_0$ を変数にすると $\varepsilon = 2mx_0^2 E/\hbar^2 = E/(\hbar\omega/2)$ を用いて

$$\left(\frac{d^2}{du^2} - u^2 + \varepsilon\right)\varphi = 0 \qquad (12.17)$$

となる．$\varphi = e^{-u^2/2}f(u)$ により $f(u)$ を導入すると

$$\frac{d^2 f}{du^2} - 2u\frac{df}{du} + (\varepsilon - 1)f = 0 \qquad (12.18)$$

これはエルミートの微分方程式(12.3)式と同型である（ここで $2\lambda = \varepsilon - 1$）．そこでの議論により $\lambda = n = 0, 1, 2, \cdots$ が $\varphi(u)$ が $u \to \infty$ で有限であるための条件であった．物理的状態としてはこれが要請される．その状態のエネルギー固有値は $\varepsilon = 2n + 1$，すなわち

$$E = \hbar\omega\left(n + \frac{1}{2}\right) \qquad (12.19)$$

で与えられる．それに対する固有関数はエルミートの多項式 $H_n(u)$ を用いて

$$\varphi(x) = \left(\frac{1}{2^n n! \sqrt{\pi} x_0}\right)^{1/2} e^{-(x^2/2x_0^2)} H_n\left(\frac{x}{x_0}\right) \qquad (12.20)$$

となる．

一方，磁界中の2次元電子の固有値問題は7.1節(v)で見たように次の方程式で与えられる．

$$\mathcal{H}\Psi = E\Psi \qquad (12.21\,\mathrm{a})$$

$$\mathcal{H} = \frac{1}{2m}\left(p + \frac{e}{c}A\right)^2 \qquad (12.21\,\mathrm{b})$$

ランダウゲージでは固有値方程式は

$$\left\{\frac{p_x^2}{2m} + \frac{1}{2m}\left(p_y + \frac{e}{c}Hx\right)^2\right\}\Psi(x, y) = E\Psi(x, y) \qquad (12.22)$$

となる．y 依存性については $\Psi(x, y) \propto e^{-iky}\varphi(x)$ と仮定すると $\varphi(x)$ について

微分方程式

$$\left\{\frac{d^2}{dx^2}-\left(\frac{eH}{\hbar c}x-k\right)^2+\frac{2mE}{\hbar^2}\right\}\varphi(x)=0 \tag{12.23}$$

が得られる．これは 1 次元調和振動子の場合，(12.16) 式と同じであり，そこでの $m\omega/\hbar$ が $eH/\hbar c \equiv l^{-2}$ に対応している．l はラーマー (Larmor) 半径と呼ばれる．したがってサイクロトロン振動数 $\omega_c \equiv eH/mc$ を用いて固有値と固有関数は次式で与えられる

$$E=\hbar\omega_c\left(n+\frac{1}{2}\right)\equiv E_n \tag{12.24}$$

$$\varphi(x)=\left(\frac{1}{2^n n!\sqrt{\pi}l}\right)^{1/2}e^{-x^2/2l^2}H_n\left(\frac{x}{l}\right) \tag{12.25}$$

E_n，(12.24) 式はランダウの量子化と呼ばれる．

一方対称ゲージでは

$$\left\{\frac{1}{2m}\left(p_x-\frac{eH}{2c}y\right)^2+\frac{1}{2m}\left(p_y+\frac{eH}{2c}x\right)^2\right\}\Psi(x,y)=E\Psi(x,y) \tag{12.26}$$

$\varepsilon\equiv 2mE/\hbar^2$ と書いて極座標で表現すると，

$$\left\{\frac{1}{r}\frac{\partial}{\partial r}\left(r\frac{\partial}{\partial r}\right)+\frac{1}{r^2}\frac{\partial^2}{\partial \theta^2}-i\frac{1}{l^2}\frac{\partial}{\partial \theta}-\frac{r^2}{4l^4}+\varepsilon\right\}\Psi(r,\theta)=0 \tag{12.27}$$

θ 依存性については整数 m を用いて $\Psi(r,\theta)=e^{im\theta}\varphi(r)$ とすると

$$\left(\frac{d^2}{dr^2}+\frac{1}{r}\frac{d}{dr}-\frac{m^2}{r^2}+\frac{m}{l^2}-\frac{r^2}{4l^4}+\varepsilon\right)\varphi(r) \tag{12.28}$$

$$=\frac{1}{l^2}\left(\frac{d^2}{du^2}+\frac{1}{u}\frac{d}{du}-\frac{m^2}{u^2}+m+\lambda-\frac{u^2}{4}\right)\varphi(ul)=0 \tag{12.29}$$

ここで $u=r/l$，$\lambda=\varepsilon l^2$ である．さらに $\varphi(r)=e^{-u^2/4}u^m f(u)$ により (12.29) 式を $f(u)$ についての微分方程式に変換すると，

$$\frac{d^2f}{du^2}+\left(\frac{2m+1}{u}-u\right)\frac{df}{du}+(\lambda-1)f=0 \tag{12.30}$$

$(1/2)u^2=\rho$ により変数を ρ に変えるとこの方程式は

$$\rho\frac{d^2f}{d\rho^2}+(m+1-\rho)\frac{df}{d\rho}+\frac{\lambda-1}{2}f=0 \tag{12.31}$$

となり，これはラゲールの陪微分方程式 (11.15) 式と同形である．$(\lambda-1)/2=(\lambda-1)/2+m-m$ であるから f が有界となるためには $(\lambda-1)/2=n$ が正の整数であることが必要となり

$$E=\hbar\omega_c\left(n+\frac{1}{2}\right) \tag{12.32}$$

12.2 調和振動子と磁場下の2次元電子

となる．このときの解は $L_{n+m}{}^m(\rho)=L_{n+m}{}^m(r^2/2l^2)$ である．すなわち，

$$\varphi(r)=Ae^{-(r^2/4l^2)}r^m L_{n+m}{}^m\left(\frac{r^2}{2l^2}\right) \tag{12.33}$$

ここで

$$\int_0^\infty dr\, r\varphi(r)^2=1$$

となるように A を決めると (12.4) 式により

$$A=\left(\frac{n!}{2^m l^{2m+2}((n+m)!)^3}\right)^{1/2}$$

となる．

13

4つの確定特異点を持つ微分方程式とマシュー微分方程式

7.1 節 (iv) で見たように 1 次元空間で周期ポテンシャル中を運動する粒子の固有値問題は次の型を持つ微分方程式で与えられた．

$$\frac{d^2w}{dz^2}+(\lambda-2h^2\cos 2z)w=0 \qquad (13.1)$$

ここで λ, h^2 は定数である．$\cos^2 z=\zeta$ によって変数変換すると (13.1) 式は次のようになる．

$$4\zeta(1-\zeta)\frac{d^2w}{d\zeta^2}+2(1-2\zeta)\frac{dw}{d\zeta}+(\lambda+2h^2-4h^2\zeta)w=0 \qquad (13.2)$$

これはマシュー微分方程式と呼ばれる．(13.2) 式で $\zeta=0,1$ は確定特異点であるが，$\zeta=\infty$ はそうではない．それを見るために，確定特異点を $z=-a^2, -b^2, -c^2, \infty$ の 4 点に持つ次の微分方程式を考えよう．

$$\frac{d^2w}{dz^2}+\frac{1}{2}\left(\frac{1}{z+a^2}+\frac{1}{z+b^2}+\frac{1}{z+c^2}\right)\frac{dw}{dz}-\frac{n(n+1)z+A}{4(z+a^2)(z+b^2)(z+c^2)}w=0 \qquad (13.3)$$

上の解は一般にラメ (Lamé) 関数と呼ばれる．(13.3) 式で $a^2=0, b^2=-1$, $n(n+1)=4c^2B, A=4c^2K$ として $c^2\to\infty$ とすると

$$\frac{d^2w}{dz^2}+\frac{2z-1}{2z(z-1)}\frac{dw}{dz}-\frac{Bz+K}{z(1-z)}w=0 \qquad (13.4)$$

となる．これは (13.2) 式と同じ形である．したがってマシュー方程式では $\zeta=\infty$ は 2 つの確定特異点が合流しているのである．

また，マシュー方程式 (13.1) 式で $h^2=0$ のとき，$w=\cos\sqrt{\lambda}z, \sin\sqrt{\lambda}z$ が解になることは明らかである．$h^2\ne 0$ のときの (13.1) 式の解について考えよう．

(13.1) 式の係数は z の偶関数であるから $w(z)$ が解であれば $w(-z)$ も解で

あり，したがって $w(z)\pm w(-z)$ も解である．すなわち，z について偶関数である解 $w_\mathrm{I}(z)$ と奇関数である解 $w_\mathrm{II}(z)$ を持つ．そのおのおのに適当な定数をかけて次のように定義することができる．

$$\left.\begin{array}{l} w_\mathrm{I}(z)=w_\mathrm{I}(-z), \quad w_\mathrm{I}(0)=1, \quad \left.\dfrac{dw_\mathrm{I}}{dz}\right|_{z=0}\equiv w_\mathrm{I}{}'(0)=0 \\ w_\mathrm{II}(z)=-w_\mathrm{II}(-z), \quad w_\mathrm{II}(0)=0, \quad w_\mathrm{II}{}'(0)=1 \end{array}\right\} \quad (13.5)$$

上の $w_\mathrm{I}(z)$ と $w_\mathrm{II}(z)$ についての微分方程式 (13.1) 式にそれぞれ $-w_\mathrm{II}, w_\mathrm{I}$ を掛けて加えると任意の z に対して

$$w_\mathrm{I}\frac{dw_\mathrm{II}}{dz}-w_\mathrm{II}\frac{dw_\mathrm{I}}{dz}=\text{定数}=1 \tag{13.6}$$

であることがわかる．定数が 1 となることは (13.5) 式による．一方 (13.1) 式は $z\to z\pm\pi$ で不変であるから，特に $w_\mathrm{II}(z-\pi)$ も解であり，これは $w_\mathrm{I}(z), w_\mathrm{II}(z)$ で表現できるはずである．したがって適当な定数，A, B を用いて

$$w_\mathrm{II}(z-\pi)=Aw_\mathrm{I}(z)+Bw_\mathrm{II}(z) \tag{13.7}$$

と書ける．この (13.7) 式とこれを微分をした式で $z=0$ とおくことにより，係数 A, B が求まり $A=w_\mathrm{II}(-\pi)=-w_\mathrm{II}(\pi), B=w_\mathrm{II}{}'(-\pi)=w_\mathrm{II}{}'(\pi)$ となる．この A, B の値を用いて改めて (13.7) 式で $z=\pi$ とおくことにより

$$w_\mathrm{I}(\pi)=w_\mathrm{II}{}'(\pi) \tag{13.8}$$

が得られる．以上の準備をもとに，σ をある定数として

$$w(z+\pi)=\sigma w(z) \tag{13.9}$$

を満足する解を求めよう．(13.9) 式は $w(z+n\pi)=\sigma^n w(z)$ を意味するから $|\sigma|=1$ であれば $w(z)$ はすべての領域で有界であるが，そうでないかぎり $w(z)$ は有界でない．($|\sigma|>1$ ならば $z\to\infty$ で，また $|\sigma|<1$ ならば $z\to-\infty$ で $|w(z)|\to\infty$ となる）有界な解が存在する場合を安定な領域，そうでない場合を不安定領域という．この特別な条件 $|\sigma|=1$ が実現する条件を調べてみる．(13.9) 式を満たす $w(z)$ を (13.7) 式と同様に $w(z)$ を $w_\mathrm{I}(z), w_\mathrm{II}(z)$ で展開し適当な係数 C, D を用いて $w(z)=Cw_\mathrm{I}(z)+Dw_\mathrm{II}(z)$ と書き (13.9) 式およびその微分をとった式で $z=0$ とおくと，(13.5) 式に注意して

$$\left.\begin{array}{l}(w_\mathrm{I}(\pi)-\sigma)C+w_\mathrm{II}(\pi)D=0 \\ w_\mathrm{I}{}'(\pi)C+(w_\mathrm{II}{}'(\pi)-\sigma)D=0\end{array}\right\} \tag{13.10}$$

となる．$CD\neq 0$ となるための条件として

$$(w_\mathrm{I}(\pi)-\sigma)(w_\mathrm{II}{}'(\pi)-\sigma)-w_\mathrm{I}{}'(\pi)w_\mathrm{II}(\pi)$$

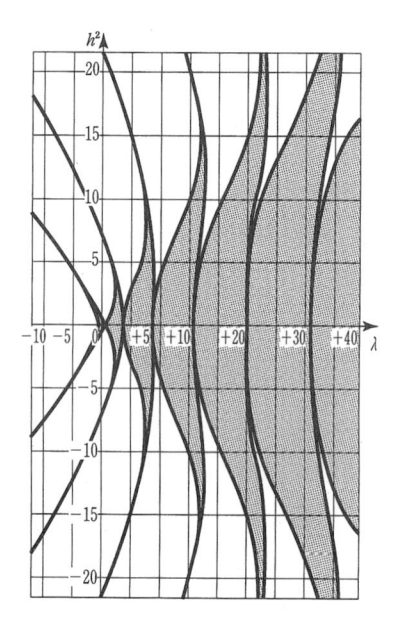

図13.1 マシュー関数の解が安定な領域(斜線部分)と不安定な領域

$$= \sigma^2 - 2\sigma w_1(\pi) + 1 = 0 \tag{13.11}$$

が求まる．ここで(13.6), (13.8)式を用いた．$\sigma = e^{ik\pi}$ と表現すると(13.11)式は

$$\cos k\pi = w_1(\pi) = w_1(\pi; \lambda, h^2) \tag{13.12}$$

を意味する．λ および h^2 が実数のとき $w_1(\pi)$ も実であり，このとき $|w_1(\pi)| \le 1$ であれば(13.12)式により k は実数となり $|\sigma|=1$ となるが $|w_1(\pi)|>1$ では k は虚数部分を持つために $|\sigma| \ne 1$ となる．こうして $|w_1(\pi)|=1$ が解の安定・不安定領域を分ける境界となる．これを λ, h^2 の平面上に描いたのが図13.1である．安定領域で(13.9)式を満たす解は周期 π の関数 $u(z)$ を用いて

$$w(z) = e^{ikz} u(z) \tag{13.13}$$

の形に書ける．これをブロッホ(Bloch)の解，あるいはフロッケ(Floquet)の解と呼ぶ．

図13.1からわかるように，周期ポテンシャルが存在しないとき $(h^2=0)$ には，エネルギー固有値 λ は任意の値がとれる．しかし，$h^2 \ne 0$ となると，物理的に意味のある解が得られる安定な領域が不安定な領域によって切断された帯状の領域に限られることになる（この安定な領域でのエネルギー固有値は k の

値で指定される).この安定な解の存在するエネルギーの領域をエネルギーバンド(エネルギー帯)と呼ぶ.一方不安定な領域をエネルギーギャップと呼ぶ.固体電子論によればこのエネルギーギャップの存在によって,物質の持つ性質のうちで最も顕著で対照的な違いである金属と絶縁体の違いを理解することができる.

14

超幾何関数の積分表示

14.1 積分表示の一般論

今まで,さまざまな特殊関数をべき級数展開という観点から述べてきた.このような関数の積分を用いた表現(積分表示)はしばしば有用である.すでにいくつかの関数の積分表示についての個別な紹介はしてあるが,以下では系統的な説明をしよう.

微分方程式

$$L_z[w] = P_0(z)\frac{d^2w}{dz^2} + P_1(z)\frac{dw}{dz} + P_2(z)w = 0 \tag{14.1}$$

の解を以下の積分表示によって求めよう.

$$w(z) = \int_C K(z, \zeta)v(\zeta)d\zeta \tag{14.2}$$

ここで C は積分変数 ζ に対する適当に選んだ積分路である.

$K(z, \zeta)$ は積分核と呼ばれ,z, ζ いずれについても解析的であると仮定しよう.具体的には $K(z, \zeta) = e^{z\zeta}$ あるいは $K(z, \zeta) = (z-\zeta)^\lambda$ の形にとることが多い.(14.1)式により

$$L_z[w] = \int_C L_z[K]v(\zeta)d\zeta = 0 \tag{14.3}$$

であるが適当に ζ に対する微分演算子 $M_\zeta[K]$ を選び

$$\int_C L_z[K]v(\zeta)d\zeta = \int_C M_\zeta[K]v(\zeta)d\zeta = 0 \tag{14.4}$$

となるように工夫しよう.そのために $M_\zeta[K]$ を

$$M_\zeta[K] = M_0(\zeta)\frac{d^2K}{d\zeta^2} + M_1(\zeta)\frac{dK}{d\zeta} + M_2(\zeta)K \tag{14.5}$$

の形と仮定して(14.4)式の右辺の式で部分積分を行うと以下の式が得られる.

$$\int_C M_\zeta[K]v(\zeta)d\zeta = \left[M_0 v\frac{dK}{d\zeta} + \left(M_1 v - \frac{d}{d\zeta}(M_0 v)\right)K\right]_C$$

$$+ \int \left(\frac{d^2}{d\zeta^2}(M_0 v) - \frac{d}{d\zeta}(M_1 v) + M_2 v \right) K(z, \zeta) d\zeta \qquad (14.6)$$

(14.6) 式の右辺を 0 とするには積分路 C と関数 $v(\zeta)$ についての以下の条件が満たされればよい．

$$\left[M_0 v \frac{dK}{d\zeta} + \left(M_1 v - \frac{d}{d\zeta}(M_0 v) \right) K \right]_C = 0 \qquad (14.7)$$

$$\widetilde{M}_\zeta[v] \equiv \frac{d^2}{d\zeta^2}(M_0 v) - \frac{d}{d\zeta}(M_1 v) + M_2 v = 0 \qquad (14.8)$$

(14.7) 式については C を適当に閉じた路にとることによって自動的に満足される．

14.2 超幾何関数の積分表示

超幾何微分方程式の場合について具体的に考えてみよう．(10.7) 式により

$$L_z[w] = z(1-z)\frac{d^2 w}{dz^2} + (\gamma - (1+\alpha+\beta)z)\frac{dw}{dz} - \alpha\beta w = 0 \qquad (14.9)$$

$K(z, \zeta) = (z-\zeta)^\lambda$ (λ は適当な定数であとで決める) と仮定しよう．$L_z[K]$ は直接 z について微分し $z = z - \zeta + \zeta$ により項を整理すると次のようになる．

$$L_z[K] = \zeta(1-\zeta)\lambda(\lambda-1)(z-\zeta)^{\lambda-2} + \lambda\{(\lambda-1)(1-2\zeta)$$
$$+ \gamma - (1+\alpha+\beta)\zeta\}(z-\zeta)^{\lambda-1} - (\lambda+\alpha)(\lambda+\beta)(z-\zeta)^\lambda \qquad (14.10\,\text{a})$$

$$= \left\{ \zeta(1-\zeta)\frac{d^2}{d\zeta^2} - \{(\lambda-1)(1-2\zeta) + \gamma - (1+\alpha+\beta)\zeta\}\frac{d}{d\zeta} \right.$$
$$\left. - (\lambda+\alpha)(\lambda+\beta) \right\}(z-\zeta)^\lambda \qquad (14.10\,\text{b})$$

(14.10 b) 式の右辺を (14.5) 式と比べると

$$\left. \begin{array}{l} M_0 = \zeta(1-\zeta) \\ M_1 = (\lambda-1)(2\zeta-1) - \gamma + (1+\alpha+\beta)\zeta \\ M_2 = -(\lambda+\alpha)(\lambda+\beta) \end{array} \right\} \qquad (14.11)$$

ととるべきであることがわかる．これに対応して関数 $v(\zeta)$ に対する微分方程式 $\widetilde{M}_\zeta[v] = 0$ は (14.8) 式により，

$$\widetilde{M}_\zeta[v] = \frac{d^2}{d\zeta^2}\{\zeta(1-\zeta)v\} - \frac{d}{d\zeta}[\{(\lambda-1)(2\zeta-1) - \gamma + (1+\alpha+\beta)\zeta\}v]$$
$$- (\lambda+\alpha)(\lambda+\beta)v \qquad (14.12)$$

この式で $\lambda = -\beta$ ととれば最後の項は消え，$v(\zeta)$ に対する微分方程式は簡単

になる．
$$\widetilde{M}_\zeta[v] = \frac{d}{d\zeta}\left[\frac{d}{d\zeta}\{\zeta(1-\zeta)v\} - \{1+\beta-\gamma+(\alpha-\beta-1)\zeta\}v\right] = 0 \quad (14.13)$$
上式 (14.13) で [ ] =0 とすると A を適当な定数として（これはあとで決める）
$$v(\zeta) = A(1-\zeta)^{\gamma-\alpha-1}\zeta^{\beta-\gamma} \quad (14.14)$$
となる．こうして (14.2) 式によって与えられる超幾何微分方程式の積分表示は次のようになる．
$$w(z) = A\int_C \zeta^{\beta-\gamma}(1-\zeta)^{\gamma-\alpha-1}(z-\zeta)^{-\beta}d\zeta \quad (14.15)$$

次に積分路 C についての条件 (14.7) 式を考えよう．(14.11) 式の M_0, M_1 および (14.14) 式の $v(\zeta)$ により
$$M_1 v - \frac{d}{d\zeta}(M_0 v) = 0 \quad (14.16)$$
となることがわかるので結局，$M_0 v(dK/d\zeta)|_C = 0$，すなわち
$$(1-\zeta)^{\gamma-\alpha}\zeta^{\beta-\gamma+1}(z-\zeta)^{-\beta-1}|_C = 0 \quad (14.17)$$
となる．さらに具体的な表示を得るために積分変数を $\zeta = 1/u$ により u に変える．
$$w(z) = A'\int_C u^{\alpha-1}(1-u)^{\gamma-\alpha-1}(1-zu)^{-\beta}du \quad (14.18)$$
ここで $A' = A(-1)^{\gamma-\alpha-\beta}$ である．積分路についての条件は (14.17) 式に対応して
$$[u^\alpha(1-u)^{\gamma-\alpha}(1-uz)^{-\beta-1}]_C = 0 \quad (14.19)$$
もし $\mathrm{Re}\,\alpha > 0, \mathrm{Re}(\gamma-\alpha) > 0$ かつ z が 1 より大きい実数ではないとすると，積分路 C として (14.19) 式は $u=0$ から $u=1$ までの実軸にとることによって満足される．こうして
$$w(z) = A'\int_0^1 u^{\alpha-1}(1-u)^{\gamma-\alpha-1}(1-zu)^{-\beta}du \quad (14.20)$$
定数 A' の値は $z=0$ での値を比較することによって決めることができる．
$$\int_0^1 u^{\alpha-1}(1-u)^{\gamma-\alpha-1}du = B(\alpha, \gamma-\alpha) = \frac{\Gamma(\alpha)\Gamma(\gamma-\alpha)}{\Gamma(\gamma)} \quad (14.21)$$
であり $F(\alpha, \beta, \gamma; z=0) = 1$ であるから
$$F(\alpha, \beta, \gamma; z) = \frac{\Gamma(\gamma)}{\Gamma(\alpha)\Gamma(\gamma-\alpha)}\int_0^1 u^{\alpha-1}(1-u)^{\gamma-\alpha-1}(1-uz)^{-\beta}du \quad (14.22)$$
というオイラーによって導かれた公式が得られる．

14.2 超幾何関数の積分表示

次に α, β は任意であるが γ が正の整数のとき,(14.19)式の条件は図 14.1 (a) のような積分路 C によって満足される.これは $u=0$ および $u=1$ のまわりを 1 周したとき,$u^\alpha(1-u)^{\gamma-\alpha}$ も $(1-uz)^{-\beta}$ も不変だからである.このとき係数 A' は次のように決まる.図 14.1 (a) の積分路を連続的に変形して図 14.1 (b) のようにしてここで C_1 上での被積分関数の値が (14.22) 式の場合と同じになるように選ぶと

$$\oint_C du = \int_0^1 du + e^{-2\pi i\alpha}\int_1^0 du = (1-e^{-2\pi i\alpha})\int_0^1 du \tag{14.23}$$

となり結局以下のようになる,

$$F(\alpha,\beta,\gamma;z) = A'\oint_C u^{\alpha-1}(1-u)^{\gamma-\alpha-1}(1-zu)^{-\beta}du \tag{14.24 a}$$

$$A' = \frac{1}{1-e^{-2\pi i\alpha}}\frac{\Gamma(\gamma)}{\Gamma(\alpha)\Gamma(\gamma-\alpha)} \tag{14.24 b}$$

γ が正の整数でない場合の積分路として図 14.1 (a) は (14.19) 式の条件が満

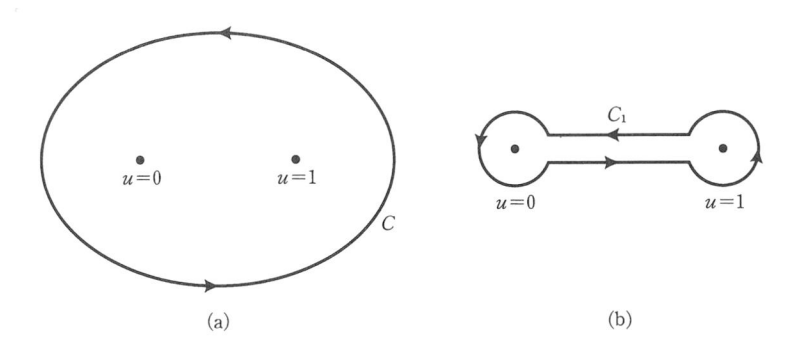

図 14.1 γ が正の整数の場合の超幾何関数の対する積分路

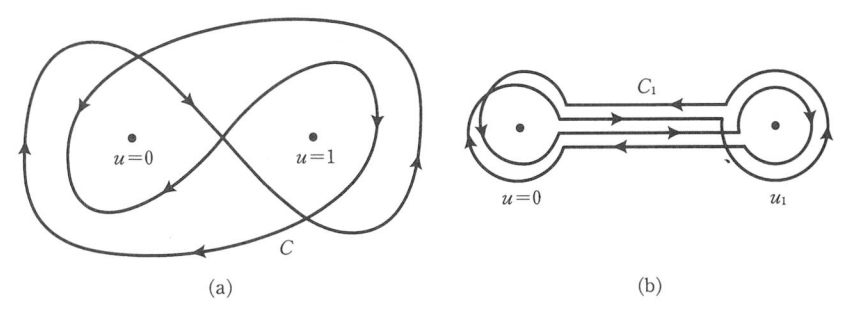

図 14.2 γ が正の整数でない場合の超幾何関数に対する積分路

足できない．そのためこのときは図 14.2(a) のような積分路をとり $u=0$ および $u=1$ をおのおのの正の向きと負の向きに 1 回ずつまわり，余分な位相がもとにもどるようにする必要がある．このとき図 14.2(b) のように変形し C_1 上での被積分関数が図 14.1(b) の C_1 上のそれと同じになるように選べば (14.23) 式と同様な考察により

$$\oint_C du = (1 - e^{2\pi i(\gamma-\alpha)} + e^{2\pi i(\gamma-\alpha)+2\pi i\alpha} - e^{2\pi i\alpha})\int_0^1 du$$

$$= (1 - e^{2\pi i\alpha})(1 - e^{2\pi i(\gamma-\alpha)})\int_0^1 du \tag{14.25}$$

となるので係数 A' に対して (14.24) 式の代わりに次式が得られる．

$$A' = \frac{1}{(1-e^{2\pi i\alpha})(1-e^{2\pi i(\gamma-\alpha)})} \frac{\Gamma(\alpha)}{\Gamma(\alpha)\Gamma(\gamma-\alpha)} \tag{14.26}$$

以上で超幾何関数，$F(\alpha, \beta, \gamma; z)$ の一般の場合の積分表示を導いたが，別の積分路をとれば 1 次独立な別の解の積分表示が得られる．

14.3　ルジャンドル関数の積分表示

以上の超幾何関数についての積分表示式をルジャンドルの微分方程式の解に応用してみよう．ルジャンドルの微分方程式は (9.4) 式により一般に

$$L[w] = (1-z^2)\frac{d^2w}{dz^2} - 2z\frac{dw}{dz} + \lambda(\lambda+1)w = 0 \tag{14.27}$$

で与えられる．ここで $(1-z)/2 = \zeta$ により変数を z から ζ に変えると (14.27) 式は

$$\zeta(1-\zeta)\frac{d^2w}{d\zeta^2} + (1-2\zeta)\frac{dw}{d\zeta} + \lambda(\lambda+1)w = 0 \tag{14.28}$$

となる．これは超幾何微分方程式 (10.7) 式で $\alpha = -\lambda$，$\beta = \lambda+1$，$\gamma = 1$ とした式となっている．したがって (14.15) 式により

$$w(\zeta) = A\int_C s^\lambda(1-s)^\lambda(\zeta-s)^{-\lambda-1}ds \tag{14.29}$$

で与えられるので，ここで変数を z に戻し積分変数を $s = (1-t)/2$ により t に変えれば

$$P_\lambda(z) = A'\int_C (1-t)^\lambda(1+t)^\lambda(z-t)^{-\lambda-1}dt \tag{14.30}$$

となる．ここで $A' = (-1)^\lambda A/2^\lambda$ である．積分路 C については

14.3 ルジャンドル関数の積分表示

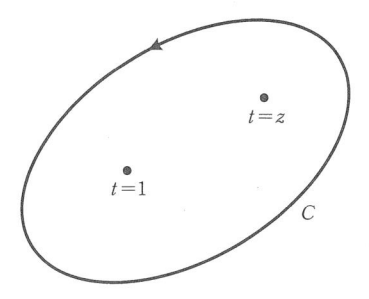

図 14.3 ルジャンドル関数の積分表示 (14.32) 式での積分路 C

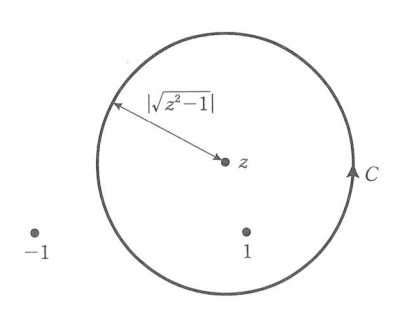

図 14.4 ルジャンドル関数の積分表示 (14.33) 式での積分路 C

$$(1-t)^{\lambda+1}(1+t)^{\lambda+1}(z-t)^{-\lambda-2}|_C=0 \tag{14.31}$$

が要請される．これを満たす C として図 14.3 を選ぶことができる．係数を適当に選ぶとシュレーフリ (Schläfle) の表式

$$P_\lambda(z)=\frac{1}{2\pi i}\oint \frac{(t^2-1)^\lambda}{2^\lambda(t-z)^{\lambda+1}}dt \tag{14.32}$$

が得られる．特に $\lambda=l$ (整数) の場合にはロドリゲスの公式 (9.14) となる．一方，$\mathrm{Re}\,z>0,\ z\neq 1$ の場合積分路として図 14.3 の C の代わりに図 14.4 のように点 z を中心とした半径 $|z^2-1|^{1/2}$ の円を選ぶとこれは $t=1$ を必ず含むので (14.31) 式の条件を満たす．$t-z=\sqrt{z^2-1}\,e^{i\varphi}\ (0\leq\varphi\leq 2\pi)$ により積分変数を t より φ に変えると

$$P_\lambda(z)=\frac{1}{2\pi}\int_0^{2\pi}d\varphi(z+\sqrt{z^2-1}\,\cos\varphi)^\lambda \tag{14.33}$$

が得られる．

15

合流型超幾何関数の積分表示

15.1 一般論

第11章で見たように合流型微分方程式

$$\zeta \frac{d^2w}{d\zeta^2} + (\gamma - \zeta)\frac{dw}{d\zeta} - \alpha w = 0 \tag{15.1}$$

は超幾何関数 $F(\alpha, \beta, \gamma; z)$ で $\beta z = \zeta$ とおいて $\beta \to \infty$ とすることによって得られる.したがって (14.18), (14.24 a) 式によって $\lim_{\beta \to \infty}(1 - \zeta u/\beta)^\beta = e^{-\zeta u}$ に注意すると以下の公式が得られる.

$$F(\alpha, \gamma; \zeta) = A' \oint u^{\alpha-1}(1-u)^{\gamma-\alpha-1} e^{\zeta u} du \tag{15.2}$$

$$A' = \frac{1}{(1-e^{2\pi i\alpha})(1-e^{2\pi i(\gamma-\alpha)})} \frac{\Gamma(\gamma)}{\Gamma(\alpha)\Gamma(\gamma-\alpha)} \tag{15.3}$$

このとき積分路についての条件 (14.19) 式は

$$[u^\alpha(1-u)^{\gamma-\alpha} e^{u\zeta}]_C = 0 \tag{15.4}$$

15.2 ベッセル関数の積分表示

15.1節の結果を用いて第8章で紹介したベッセル関数の積分表示を求めよう.(15.1) 式を $\zeta^{(\gamma-1)/2} e^{-\zeta/2} w = v$ により関数 v についての微分方程式に変換すると

$$\frac{d^2v}{d\zeta^2} + \frac{1}{\zeta}\frac{dv}{d\zeta} + \left(-\frac{1}{4} + \frac{\gamma - 2\alpha}{2\zeta} - \frac{(\gamma-1)^2}{4\zeta^2}\right)v = 0 \tag{15.5}$$

となる.ここで α と γ の間に $\gamma = 2\alpha$ の関係があるとしパラメータ λ を $(\gamma-1)/2 = \lambda$ により定義し,$\zeta = 2iz$ により変数を z に変えると (15.5) 式は

$$\frac{d^2v}{dz^2} + \frac{1}{z}\frac{dv}{dz} + \left(1 - \frac{\lambda^2}{z^2}\right)v = 0 \tag{15.6}$$

15.2 ベッセル関数の積分表示

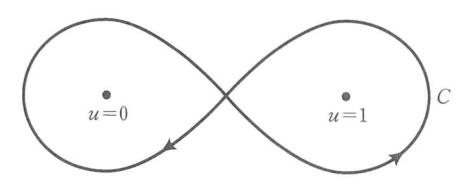

図 15.1 ベッセル関数 (15.7) 式に現れる $F(\alpha, \gamma; \zeta)$ の積分表示 (15.2) 式の積分路

となる．これはベッセルの微分方程式 (8.1) 式である．こうして B を適当な定数として

$$J_\lambda(z) = \frac{1}{\Gamma(\lambda+1)} \left(\frac{z}{2}\right)^\lambda e^{-iz} F\left(\lambda + \frac{1}{2}, 2\lambda+1; 2iz\right) \tag{15.7}$$

となることがわかる．ここで係数は $F(\alpha, \gamma; z=0) = 1$ と (8.5) 式を比較して決めることができる．$F(\lambda+1/2, 2\lambda+1; z)$ の積分表示として (15.2) 式を用いて，また，積分路 C については (15.4) 式を満たすように図 15.1 のように選ぶと結局以下の公式が得られる．

$$J_\lambda(z) = B \left(\frac{z}{2}\right)^\lambda e^{-iz} \oint_C u^{\lambda-1/2} (1-u)^{\lambda-1/2} e^{2izu} du \tag{15.8}$$

$$B \equiv \frac{1}{1 - e^{2\pi i(\lambda - 1/2)}} \frac{\Gamma(2\lambda+1)}{\Gamma(\lambda+1/2)^2 \Gamma(\lambda+1)} \tag{15.9}$$

(15.8) 式の表示は，積分変数を $u = (1+\zeta)/2$ によって v に変換すると次のように書くこともできる．

$$J_\lambda(z) = B' \left(\frac{z}{2}\right)^\lambda \oint_{C'} (\zeta^2 - 1)^{\lambda - 1/2} e^{i\zeta z} d\zeta \tag{15.10}$$

$$B' = \Gamma\left(\frac{1}{2} - \lambda\right) \Big/ \left(2\pi i \Gamma\left(\frac{1}{2}\right)\right) \tag{15.11}$$

ここで (6.21) 式による $\Gamma(z)\Gamma(1-z) = \pi/\sin \pi z$ を用いた．(15.10) 式での ζ についての積分路 C' は図 15.2 のようである．

特に $\text{Re}\,\lambda > 0$ のときは (15.10) 式の ζ について積分は $\zeta = \pm 1$ で収束するので積分路 C' を $\zeta = -1$ と $\zeta = 1$ を結ぶ実軸にとることにより

$$J_\lambda(z) = \frac{1}{\Gamma(1/2)\Gamma(\lambda+1/2)} \left(\frac{z}{2}\right)^\lambda \int_{-1}^{1} (1-\zeta^2)^{\lambda-1/2} e^{i\zeta z} d\zeta \tag{15.12}$$

となる．さらに積分変数を $\zeta = \cos\theta$ により θ に変えると次式が得られる．

$$J_\lambda(z) = \frac{1}{\Gamma(1/2)\Gamma(\lambda+1/2)} \left(\frac{z}{2}\right)^\lambda \int_0^\pi \sin^{2\lambda}\theta \cos(z \cos\theta) d\theta \tag{15.13}$$

(15.10)，(15.11) 式において積分路 C' を図 15.3 のように $C_1 + C_2$ に変え，

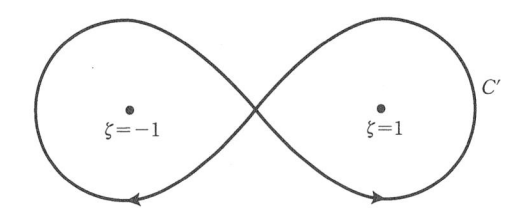

図 15.2 ベッセル関数の積分表示 (15.10) 式における積分路 C'

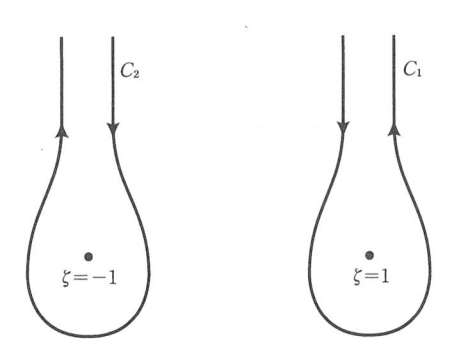

図 15.3 ハンケル関数 $H_\lambda^{(i)}(z)$ ($i=1,2$) の積分表示 (15.15) 式での積分路 C_i

C_1, C_2 の積分路それぞれからの寄与を $H_\lambda^{(1)}(z)/2$, $H_\lambda^{(2)}(z)/2$ と書くと $H_\lambda^{(i)}$ は第 8 章で導入したハンケル関数である.

$$J_\lambda(z) = \frac{H_\lambda^{(1)}(z) + H_\lambda^{(2)}(z)}{2} \tag{15.14}$$

$$H_\lambda^{(i)}(z) = \frac{\Gamma(1/2-\lambda)}{\pi i \Gamma(1/2)} \left(\frac{z}{2}\right)^\lambda \int_{C_i} (\zeta^2-1)^{\lambda-1/2} e^{i\zeta z} d\zeta \tag{15.15}$$

これによりノイマン関数は以下のように書ける.

$$N_\lambda(z) = \frac{H_\lambda^{(1)}(z) - H_\lambda^{(2)}(z)}{2i} \tag{15.16}$$

(15.14)〜(15.16) 式は $e^{\pm ix}$ と $\cos x, \sin x$ の関係に対比される.

16

特殊関数の漸近展開

これまでにいろいろな特殊関数の性質についてまとめたがそれらの関数の変数の値(場合によっては絶対値)が大きいとき関数がどのような値に近づくかが問題になる。たとえば変数 z が $|z|\to\infty$ としたとき関数 w が $\zeta=1/z=0$ のまわりで解析的があれば ζ のべき級数で表現できる。

$$w(z) \xrightarrow{|z|\to\infty} \sum_{\nu=0}^{\infty} a_\nu \zeta^\nu \qquad \left(\zeta=\frac{1}{z}\right) \tag{16.1}$$

このときは z の値によって、上の級数のはじめのいくつかの項を考えればこれは $w(z)$ に対するよい近似になっている。しかし $z=\infty$ ($\zeta=0$) で $w(z)$ が正則でない場合もしばしばある。このような場合第6章で導入した漸近展開によって関数の近似が得られる。ただし第6章で述べたように、漸近展開においては級数和に現れる項の数を多くとれば近似がよくなるわけではないことに注意しよう。漸近展開は積分表示式をもとにすると考えやすい。具体的な例としてベッセル関数(同じことであるがハンケル関数)について考えよう。

(15.15)式で与えられるハンケル関数 $H_\lambda^{(1)}(z)$ を考えてみよう。ここで $\operatorname{Im} z>0$ を仮定する。まず z が純虚数 $z=i|z|$ としよう。このとき積分路 C_1 は図16.1のように変形できるので積分変数を $v=1+iy/z$ により y に変換すると $(v^2-1)^{\lambda-1/2}=(2iy/z)^{\lambda-1/2}(1+iy/2z)^{\lambda-1/2}$ に注意して

$$H_\lambda^{(1)}(z) = \frac{\Gamma(1/2-\lambda)}{\pi\Gamma(1/2)} \frac{1}{\sqrt{2z}} e^{(\pi/2)\,i(\lambda-1/2)} \int_C y^{\lambda-1/2} \left(1+\frac{iy}{2z}\right)^{\lambda-1/2} e^{iz-y} dy \tag{16.2 a}$$

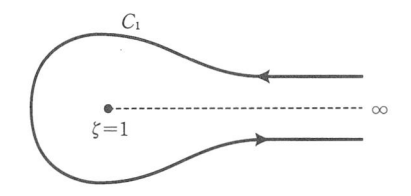

図 16.1 ハンケル関数 $H_\lambda^{(1)}(z)$ の積分路 C_1(図15.3)の z が純虚数のときの変形

$$\sim \frac{\Gamma(1/2-\lambda)}{\pi\sqrt{2\pi z}} e^{(\pi/2)i(\lambda-1/2)+iz}$$

$$\times \int_C y^{\lambda-1/2}\left(1+\frac{i(\lambda-1/2)y}{2z}-\frac{(\lambda-1/2)(\lambda-3/2)}{2!(2z)^2}y^2+\cdots\right)e^{-y}dy \tag{16.2 b}$$

$$=\sqrt{\frac{2}{\pi z}}e^{i\{z-(\pi/2)\lambda-\pi/4\}}\left(1+i\frac{\lambda^2-1/4}{2z}-\frac{(\lambda^2-1/4)(\lambda^2-3/4)}{2!4z^2}+\cdots\right) \tag{16.2 c}$$

となる．(16.2 b) 式より (16.2 c) 式への変形には (16.21) 式を用いた．この表式は z の上半面 (Im $z>0$) で $z\to\infty$ のとき 0 に収束する．しかし下半面 (Im $z<0$) では $z\to\infty$ とともに指数関数的に増大する．

$H_\lambda^{(2)}(z)$ に対しても Im $z<0$ の場合に対して同様な考察により

$$H_\lambda^{(2)}(z)\sim\sqrt{\frac{2}{\pi z}}e^{-i\{z-(\pi/2)\lambda-\pi/4\}} \tag{16.3}$$

となる．

演習問題の略解

1章

1.1 $e^{(\pi/4)i} = \sqrt{2}/2 + (\sqrt{2}/2)i$, 絶対値 1, 偏角 $\pi/4$.

1.2 $e^{(\pi/6)i} = \sqrt{3}/2 + (1/2)i$

1.3 $z = re^{i\theta}$ とすると $w = \sqrt[n]{r}e^{i\theta/n}, \sqrt[n]{r}e^{i(\theta+2\pi)/n}, \sqrt[n]{r}e^{i(\theta+4\pi)/n}, \cdots, \sqrt[n]{r}e^{i\{\theta+2(n-1)\pi\}/n}$

1.4 $(|z_1|+|z_2|)^2 - |z_1+z_2|^2 = 2|z_1||z_2|\{1-\cos(\theta_1-\theta_2)\} \geqq 0$. ただし θ_1, θ_2 は z_1, z_2 の偏角. z_1 と z_2 を複素平面上のベクトルと思うと明らか.

1.5 $(\cos\theta + i\sin\theta)^n = (e^{i\theta})^n = e^{in\theta}$

1.6 $z = x+iy, a = a_1+ia_2$ とおけば与式は $2a_1x + 2a_2y + b = 0$.

1.7 $z = x+iy, b = b_1+ib_2$ とおけば与式は $a(x^2+y^2) + 2b_1x + 2b_2y + c = 0$. 整理すると $a(x+b_1/a)^2 + a(y+b_2/a)^2 = (1/a)(b_1^2+b_2^2) - c$. 中心 $(-b_1/a, -b_2/a)$ 半径 $(1/|a|)\sqrt{|b|^2-ac}$ の円.

1.8 図 A 参照.

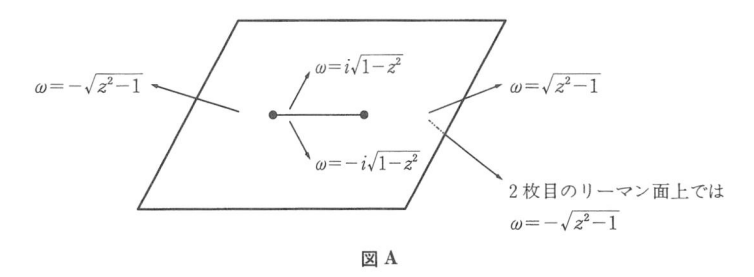

図中: $\omega = -\sqrt{z^2-1}$, $\omega = i\sqrt{1-z^2}$, $\omega = \sqrt{z^2-1}$, $\omega = -i\sqrt{1-z^2}$, 2 枚目のリーマン面上では $\omega = -\sqrt{z^2-1}$

図 A

1.9 コーシー–アダマールの定理またはダランベールの判定法を用いる.

1.10 $|x^2|<1$. 積分すると
$$\tan^{-1}x = \sum_{n=1}^{\infty} \frac{(-1)^{n-1}}{2n-1} x^{2n-1}$$
$x=1$ とおいて,
$$\frac{\pi}{4} = \sum_{n=1}^{\infty} \frac{(-1)^{n-1}}{2n-1} = 1 - \frac{1}{3} + \frac{1}{5} - \frac{1}{7}\cdots$$

1.11 整理すると
$$\sum_{l=0}^{\infty}\sum_{m=0}^{l} \frac{z_1^{l-m}}{(l-m)!} \frac{z_2^m}{m!}$$

2項定理
$$(z_1+z_2)^l = \sum_{m=0}^{l} {}_l C_m z_1^{l-m} z_2^m$$
を用いれば
$$\sum_{l=0}^{\infty} \frac{1}{l!}(z_1+z_2)^l = e^{z_1+z_2}$$

1.12 略

1.13 $\sin(-i\pi) = -\frac{i}{2}(e^\pi - e^{-\pi}) = -i\sinh \pi$

$\cosh\left(1+\frac{\pi}{3}i\right) = \frac{1}{4}\left(e+\frac{1}{e}\right) + \frac{\sqrt{3}}{4}i\left(e-\frac{1}{e}\right)$

$\log(1+i) = \frac{1}{2}\ln 2 + \frac{i}{4}\pi$

$2^i = \cos(\log 2) + i\sin(\log 2)$

$(1+i)^i = e^{-\pi/4}\cos\left(\frac{1}{2}\log 2\right) + ie^{-\pi/4}\sin\left(\frac{1}{2}\log 2\right)$

1.14 (i) 収束半径 1, $z(1+z)/(1-z)^3$.

(ii) 収束半径 1, $-\log(1-z)$.

(iii) 収束半径 1, $1+\{(1-z)/z\}\log(1-z)$.

(iv) $|1-z|>1$ で収束, 1.

(v) 収束半径 1, 初等関数では表せない.

(vi) 収束半径 1,
$$\sum_{r=1}^{\infty}\sum_{n=r}^{\infty} \frac{1}{r}z^n = \sum_{r=1}^{\infty}\frac{1}{r}\left(\frac{1}{1-z} - \frac{1-z^r}{1-z}\right) = \sum_{r=1}^{\infty}\frac{1}{r}\frac{z^r}{1-z} = -\frac{1}{1-z}\log(1-z)$$

(vii) 収束半径 ∞, $(\cosh z + \cos z)/2$.

(viii) 収束半径 ∞, 与式を $f(z)$ とおくと
$$\int_0^z dz \frac{1}{z}\int_0^z f(z)dz = \frac{1}{4}z\sin z$$
これから
$$f(z) = \frac{1}{4}(\sin z + 3z\cos z - z^2 \sin z)$$

1.15 $z=a$ と $z=b$ から分岐線が出る (図B). たとえばリーマン面は2枚. $\log(z-a) - \log(z-b)$ も同じ分岐線だが, リーマン面は無限にある.

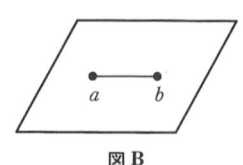

図B

2章

2.1 a が実数の場合は
$$u(x,y)=\frac{x-a}{(x-a)^2+y^2}, \qquad v(x,y)=\frac{-y}{(x-a)^2+y^2}$$

2.2 略

2.3 $u(x,y)=x^3-3xy^2+c,\ f(z)=z^3+c$

2.4 $f'(z_0)=e^{z_0}$

2.5 $\log z$ に対しては $u(x,y)=\log\sqrt{x^2+y^2},\ v(x,y)=\tan^{-1}(x/y)+2\pi n.$ e^z に対しては $u(x,y)=e^x\cos y,\ v(x,y)=e^x\sin y.$

2.6 (ⅰ) 調和関数，$f(z)=-iz^3+ic$ (c は実数，以下同じ)．
(ⅱ) 調和関数ではない，(ⅲ) 調和関数，$f(z)=z^2+z+ic$．
(ⅳ) 調和関数，$f(z)=1/z+ic$．(ⅴ) 調和関数，$f(z)=\log z+ic$．

2.7
$$\frac{\partial}{\partial z}f=\frac{1}{2}\left(\frac{\partial u}{\partial x}+i\frac{\partial v}{\partial x}-i\frac{\partial u}{\partial y}+\frac{\partial v}{\partial y}\right)$$
この式にコーシー–リーマンの関係を用いる．

2.8 $\dfrac{\partial}{\partial z}\dfrac{\partial}{\partial \bar{z}}g=\dfrac{\partial}{\partial z}\dfrac{1}{2}\left(\dfrac{\partial g}{\partial x}+i\dfrac{\partial g}{\partial y}\right)=\dfrac{1}{4}\left(\dfrac{\partial^2 g}{\partial x^2}-i\dfrac{\partial}{\partial y}\dfrac{\partial g}{\partial x}+i\dfrac{\partial}{\partial x}\dfrac{\partial g}{\partial y}+\dfrac{\partial^2 g}{\partial y^2}\right)=\dfrac{1}{4}\Delta g$

2.9 $|f(z)|^2=u^2(x,y)+v^2(x,y)$ として微分すると，左辺は $4(\partial u/\partial x)^2+4(\partial v/\partial x)^2$．または，問題 2.8 を用いると
$$\Delta|f(z)|^2=4\frac{\partial}{\partial z}\frac{\partial}{\partial \bar{z}}(\bar{f}\cdot f)=4\left(\frac{\partial \bar{f}}{\partial \bar{z}}\right)\left(\frac{\partial f}{\partial z}\right)=4\overline{f'(z)}f'(z)$$

2.10 交点 (x_0,y_0) における $u(x,y)=$ 一定の曲線の接線方向のベクトルは
$$\left(\frac{\partial u}{\partial y}(x_0,y_0),\frac{\partial u}{\partial x}(x_0,y_0)\right)$$
$v(x,y)=$ 一定の方は
$$\left(\frac{\partial v}{\partial y}(x_0,y_0),\frac{\partial v}{\partial x}(x_0,y_0)\right)$$
である．この2つのベクトルはコーシー–リーマンの関係を用いると直交していることがわかる．

3章

3.1 $n\neq -1$ のとき
$$\int_{C_1}z^n dz=\frac{ir^{n+1}}{n+1}(e^{i(n+1)\pi}-1), \qquad \int_{C_2}z^n dz=\frac{ir^{n+1}}{n+1}(e^{-i(n+1)\pi}-1)$$
特に n が偶数の整数なら，両方とも $-\{i\pi/(n+1)\}r^{n+1}$，n が奇数の整数 ($n\neq 1$) なら両方とも 0．

$n=-1$ のとき

$$\int_{C_1} z^n dz = i\pi, \quad \int_{C_2} z^n dz = -i\pi$$

3.2 $z = a + re^{i\theta}$ として積分する. $n=1$ のとき $2\pi i$. $n \neq 1$ の整数のとき 0. n が整数ではないときは，分岐線が入るので問題の条件が不備.

3.3
$$\int_0^{2\pi} \frac{\cos n\theta}{1-2a\cos\theta+a^2} d\theta = \mathrm{Re}\int_0^{2\pi} \frac{e^{in\theta}}{1-a(e^{i\theta}+e^{-i\theta})+a^2} d\theta$$
$$= \mathrm{Re}\int_{|z|=1} \frac{z^n}{1-a(z+1/z)+a^2} \frac{dz}{iz}$$
$$= \mathrm{Re}\int_{|z|=1} \frac{iz^n}{az^2-(1+a^2)z+a} dz$$

極は，$z=a, 1/a$ であるが $|z|=1$ の内部にあるのは $z=a$. 留数は $-ia^n/(1-a^2)$. したがって与式を得る．

3.4 略

3.5 (i) $r<1$ のとき 0, $1<r<2$ のとき $-2\pi i$, $2<r$ のとき $2\pi i$. (ii) $r<1$ のとき $2\pi i$, $r>1$ のとき 0.

3.6 (i) $\sqrt{2}\pi/2a^3$ (3.4節の例2で $x \to x'/a$ と変換するだけでもよい). (ii) $(\pi/2b)e^{-|a|b}$. (iii) $(\pi/2)e^{-|a|b}$ $(a>0)$, $-(\pi/2)e^{-|a|b}$ $(a<0)$. (iv) 0. $z=-\infty$ から 0 までの積分は
$$\int_{-\infty}^{0} \frac{\log|x|+i\pi}{x^2+1} dx = \int_0^{\infty} \frac{\log x}{1+x^2} dx + \frac{i}{2}\pi^2$$

$z=i$ の留数は $\ln(i)/2i = \pi/4$. 実は $\int_1^{\infty}(\log x)/(x^2+1)dx$ は $x=1/t$ と変換すると $-\int_0^1(\log t)/(t^2+1)dt$ となるので両者を合わせた $\int_0^{\infty}(\log x)/(x^2+1)dx$ は 0. (v) $\pi^3/8$. (vi) $\pi^3/16$. ((iv) の解答の後半と同様に考える). (vii) $\sqrt{\pi/2}$. フレネル積分で $x^2=t$ と変数変換するとよい．

3.7 $z=x+i\pi$ の積分路の寄与は，
$$-\int_{-\infty}^{\infty} \frac{(x+i\pi)^2}{-\cosh x} dx = \int_{-\infty}^{\infty} \frac{x^2}{\cosh x} dx - 4\pi^2 \int_0^{\infty} \frac{e^{-x}}{1+e^{-2x}} dx = \int_{-\infty}^{\infty} \frac{x^2}{\cosh x} dx - \pi^3$$

領域内の $z=(i/2)\pi$ に極があり，留数が $(\pi^2/4)i$. したがって
$$2\int_{-\infty}^{\infty} \frac{x^2}{\cosh x} dx - \pi^3 = 2\pi i \left(\frac{\pi^2}{4} i\right)$$

これから
$$\int_0^{\infty} \frac{x^2}{\cosh x} dx = \frac{\pi^3}{8}$$

3.8 (i) 積分路は $z=x+2\pi i$ の部分を通るものを用いるとよい．極は $z=a+i\pi$, $-a+i\pi$ の2か所を含む．これを用いると
$$\frac{\pi \sin ab}{\sinh a \sinh \pi b}$$

(ii) $z=x+i$ を使うが，極が $z=i$ にあることに注意

$$\frac{\sinh a}{2(1+\cosh a)}$$

3.9 分岐線の上で，積分は求めたい積分と同じである．分岐線の下では

$$-\int_0^\infty \frac{x^{-a}e^{-2\pi ia}}{1+x}dx$$

また，$z=0$ のまわりの寄与は 0 で，$z=-1$ の極に対する留数は $e^{-i\pi a}$ である．したがって

$$(1-e^{-2\pi ia})\int_0^\infty \frac{x^{-a}}{1+x}dx=2\pi i e^{-i\pi a}$$

これから与式を得る．

3.10 (i) $\pi e^{i\alpha(t-1)}/\sin \pi t$. (ii) $\pi/2a \sin\{\pi(2b-1)/2a\}$.

4章

4.1 $f(a)=(1/2\pi i)\int_C e^z/(z-a)dz$, $a=0$ とおき，積分路 C を半径 R の円とすると

$$1=\frac{1}{2\pi}\int_0^{2\pi} e^{R(\cos\theta+i\sin\theta)}d\theta=\frac{1}{2\pi}\int_0^{2\pi} e^{R\cos\theta}(\cos(R\sin\theta)+i\sin(R\sin\theta))d\theta$$

第 2 項は θ の奇関数であるから 0，第 1 項から与式が得られる．

4.2 $(1+z)^{1/z}=e^{(1/z)\log(1+z)}=\exp[\sum_{n=1}^\infty \{(-1)^{n+1}/n\}z^{n-1}]=e(1-z/2+z^2/24+\cdots)$

4.3 略

4.4 $f(z)$ は正則であるからテイラー展開ができる．たとえば $z=0$ におけるテイラー展開は $f(z)=\sum_{n=0}^\infty c_n z^n$ であるが，有界であるためには $c_n=0$ $(n=1,2,3,\cdots)$ でなければならない．

4.5 $$f(z)=-\frac{1}{a}\frac{1}{1-z/a}=-\frac{1}{a}\sum_{n=0}^\infty \left(\frac{z}{a}\right)^n \quad (|z|<a)$$

$z=ake^{i\theta}$ とおくと，

$$f(ake^{i\theta})=\frac{1}{a}\frac{1}{ke^{i\theta}-1}=-\frac{1}{a}\sum_{n=0}^\infty k^n e^{in\theta}$$

両辺の実数部分を書くと

$$\sum_{n=0}^\infty k^n \cos n\theta = \frac{1-k\cos\theta}{k^2+1-2k\cos\theta}$$

4.6 $$f(z)=\frac{1}{a-b}\left(\cdots+\frac{a^n}{z^n}+\cdots+\frac{a}{z}+1+\frac{z}{b}+\frac{z^2}{b^2}+\cdots+\frac{z^n}{b^n}+\cdots\right)$$

$z=0$ のまわりのテイラー展開は，

$$f(z)=\frac{z}{ab}\left(1+\frac{z}{a}+\frac{z^2}{a^2}+\cdots\right)\left(1+\frac{z}{b}+\frac{z^2}{b^2}+\cdots\right)$$

$$=\frac{1}{ab}\left(z+\left(\frac{1}{a}+\frac{1}{b}\right)z^2+\left(\frac{1}{a^2}+\frac{1}{ab}+\frac{1}{b^2}\right)z^3+\cdots\right)$$

4.7 $z=0$ と ∞ が真性特異点，零点はない．

4.8 k 位の極近傍で $f(z)\simeq a/(z-a)^k$ と考えると，$f'(z)/f(z)=-k/(z-a)$ となり，留数 $-k$，l 位の零点近傍では留数は l となるから．

4.9 $z=0$ が 2 位の極，$z=\sqrt{n\pi},\ -\sqrt{n\pi}\ (n=1,2,3,\cdots)$ が 1 位の極．

4.10 （ⅰ）0．（ⅱ）$1/2<r<1$ のとき $-(26/27)\pi i$，それ以外で 0．

4.11 （ⅰ）$\pi/2$．（ⅱ）$(3/8)\pi$．

4.12 略

4.13 4.6 節と同様に考えると，

$$\int_{-\infty}^{\infty}\frac{f(z)}{z-a-i\varepsilon}dz=\int_{C}\frac{f(z)}{z-a}dz=\mathrm{P}\int_{-\infty}^{\infty}\frac{f(x)}{x-a}dx+i\pi f(a)$$

であるから．

4.14 順に

$$0,\ \frac{2\pi i}{(b-a)},\ 0$$

$$\begin{cases} 0 & (k\geq 0) \\ -\dfrac{2\pi i}{a-b}(e^{ika}-e^{ikb}) & (k<0) \end{cases}$$

$$\begin{cases} \dfrac{2\pi i}{b-a}e^{ikb} & (k\geq 0) \\ -\dfrac{2\pi i}{a-b}e^{ika} & (k\leq 0) \end{cases}$$

4.15 $\int_{-\infty}^{\infty}\dfrac{\mathrm{P}}{x-a}\dfrac{\mathrm{P}}{x-b}dx=0$ に注意すると第 1 式は $0\ (a\neq b)$，第 2 式は $2\pi i/(b-a)$ であり問題 4.14 の第 2 式と同じ．

4.16 第 1 式，3 式，4 式は 2 位の極となることに注意．順に

$$0,\ \lim_{b\to a}\frac{2\pi i}{b-a+2i\varepsilon}=\frac{\pi}{\varepsilon},\ 0$$

$$\begin{cases} 0 & (k\geq 0) \\ 2\pi k e^{ika} & (k<0) \end{cases}$$

$$\begin{cases} \dfrac{\pi}{\varepsilon}e^{ikb} & (k\geq 0) \\ \dfrac{\pi}{\varepsilon}e^{ika} & (k\leq 0) \end{cases}$$

5 章

5.1 $z=(a,y)$ とすると，$u=a/(a^2+y^2)$，$v=-y/(a^2+y^2)$．パラメータ y を消去す

ると，$u^2+v^2=u/a$. つまり $\{u-(1/2a)^2\}+v^2=1/4a^2$，中心 $(1/2a, 0)$，半径 $1/2a$ の円．$z=(x,b)$ のときは，$u^2+\{v+(1/2b)\}^2=1/4b^2$ 中心 $(0, -1/2b)$，半径 $1/2b$ の円．

5.2 $\omega=-\log(z-ia)+\log(z+ia)$ とすれば
$$u(x,y)=-\log\sqrt{x^2+(y-a)^2}+\log\sqrt{x^2+(y+a)^2}$$

5.3 (5.56)式のポテンシャルを微分すれば電場が得られる．
$$y=0 \text{ の面}: \quad E_x=0, \quad E_y=a\sinh x$$
$$x=0 \text{ の面}: \quad E_x=a\sin y, \quad E_y=0$$
$$y=\pi \text{ の面}: \quad E_x=0, \quad E_y=-a\sinh x.$$

5.4 $\omega=e^{-(\pi/b)i}z^{2/3}$ とすれば，ω 平面での v 軸に写像される．ポテンシャルの等高線は $u=$ 一定値だから，$z=re^{i\theta}$ とおくと
$$u(x,y)=r^{2/3}\cos\left(\frac{2}{3}\theta-\frac{\pi}{6}\right)=(x^2+y^2)^{1/3}\cos\left(\frac{2}{3}\tan^{-1}\frac{y}{x}-\frac{\pi}{6}\right)$$
$x=0, y<0$ の表面で，$E_x=(2/3)|y|^{-1/3}$．$y=0, x<0$ の表面で $E_y=(2/3)|x|^{-1/3}$，頂点では ∞．

5.5
$$\frac{\partial v}{\partial x}=\left(\frac{x}{r}-\frac{a^2x}{r^3}\right)\cos\theta+\left(r+\frac{a^2}{r}\right)\sin\theta\frac{y}{r^2}$$
だから，$x\to\pm\infty$ で速さは 1，$x=0, y=a$ で速さは 2．

5.6 略

5.7 形式的に z について解くと
$$z=\frac{\omega^4+4}{4\omega^2}$$
これから，半径 2 の円は $\{(4/5)x\}^2+\{(4/3)y\}^2=1$ の楕円．傾き 45° の直線は虚軸．

5.8 略

6章

6.1 次式をくり返す
$$\Gamma\left(n+\frac{1}{2}\right)=\left(n-\frac{1}{2}\right)\Gamma\left(n-\frac{1}{2}\right)=\left(n-\frac{1}{2}\right)\left(n-\frac{3}{2}\right)\Gamma\left(n-\frac{3}{2}\right)=\cdots$$

6.2 $\Gamma(1/2)=\int_0^\infty e^{-t}t^{-1/2}dt$，$\sqrt{t}=x$ とおくと $\Gamma(1/2)=2\int_0^\infty e^{-x^2}dx=\sqrt{\pi}$．

6.3 (6.15)式の第2式を用いると
$$\Gamma(z+1)=\lim_{n\to\infty}\frac{n^{z+1}}{z+1}\prod_{m=1}^{n-1}\frac{m}{m+z+1}=\lim_{n\to\infty}\frac{n^{z+1}}{z+1}\left(\prod_{m=1}^{n-1}\frac{m}{m+z}\right)\frac{z+1}{n+z}$$
$$=\lim_{n\to\infty}\frac{n}{n+z}z\frac{n^z}{z}\prod_{m=1}^{n-1}\frac{1}{1+z/m}=z\Gamma(z).$$

6.4
$$f(z+1)=f(z)\frac{\Gamma((z+n)/n)}{\Gamma(z/n)}n$$
が成立するが,
$$\Gamma\left(\frac{z+n}{n}\right)=\Gamma\left(\frac{z}{n}+1\right)=\frac{z}{n}\Gamma\left(\frac{z}{n}\right)$$
であるから.

6.5 $x^n=t$ とおくと与式は
$$\frac{1}{n}\int_0^1 \frac{1}{\sqrt{1-t}}t^{(m-n)/n}dt=\frac{1}{n}B\left(\frac{m}{n},\frac{1}{2}\right)$$

6.6 (6.21) 式の公式に $z=iy$ を代入すると, 左辺は
$$\Gamma(iy)\Gamma(1-iy)=\Gamma(iy)(-iy)\Gamma(-iy)=-iy|\Gamma(iy)|^2$$
右辺は $\pi/i\sinh \pi y$.

6.7
$$\sum_{k=1}^n \frac{1}{k}-\log n=\sum_{k=1}^n\int_0^\infty e^{-kt}dt-\int_1^n dx\int_0^\infty e^{-xt}dt$$
$$=\int_0^\infty\left(\frac{e^{-t}-e^{-(n+1)t}}{1-e^{-t}}+\frac{e^{-t}-e^{-nt}}{t}\right)dt$$
両辺の $\lim_{n\to\infty}$ をとる.

6.8
$$\int_{-\infty}^\infty e^{-(x/2)\tau^2}d\tau=\sqrt{\frac{2\pi}{x}},\quad \int_{-\infty}^\infty \tau^2 e^{-(x/2)\tau^2}d\tau=\frac{1}{x}\sqrt{\frac{2\pi}{x}}$$
$$\int_{-\infty}^\infty \tau^4 e^{-(x/2)\tau^2}d\tau=\frac{3}{x^2}\sqrt{\frac{2\pi}{x}},\quad \int_{-\infty}^\infty \tau^6 e^{-(x/2)\tau^2}d\tau=\frac{15}{x^3}\sqrt{\frac{2\pi}{x}}$$
を用いる.

6.9
$$E_i(z)=-\frac{e^{-x}}{x}\Big|_z^\infty-\int_z^\infty \frac{e^{-x}}{x^2}dx$$
$$=\frac{e^{-z}}{z}+\frac{e^{-x}}{x^2}\Big|_z^\infty+2\int_z^\infty \frac{e^{-x}}{x^3}dx=\cdots$$
$$=\frac{e^{-z}}{z}-\frac{e^{-z}}{z^2}+\frac{2e^{-z}}{z^3}-\frac{6e^{-z}}{z^4}+\cdots$$

6.10 $x=a+(b-a)t$ と変換すれば与式は
$$(b-a)^{p+q-1}B(p,q)=(b-a)^{p+q-1}\frac{\Gamma(p)\Gamma(q)}{\Gamma(p+q)}$$

6.11 略

6.12 ベータ関数の定義から左辺は
$$\int_0^1 t^{p-1}(1-t)^{q-1}(1+t+t^2+\cdots)dt=\int_0^1 t^{p-1}(1-t)^{q-2}dt$$

6.13 略

6.14 部分積分.

6.15 $\psi(z)\cong\dfrac{1}{2(z-1)}+\log(z-1)$.

6.16 定義式で $t=ax$ と変換．次に $a=p+iq$ として，$a=\sqrt{p^2+q^2}\,e^{i\theta}$ を考えればよい．

8章

8.1 $\displaystyle\lim_{\mu\to\infty}\left|\frac{(-1)^\mu}{\mu!\,\Gamma(\lambda+\mu+1)2^{2\mu}}\frac{(\mu+1)!\,\Gamma(\lambda+\mu+2)2^{2\mu+2}}{(-1)^{\mu+1}}\right|=\lim_{\mu\to\infty}4(\mu+1)(\lambda+\mu+1)=\infty$

収束半径 ∞．

8.2 $\mu=0,1,\cdots$ に対して $\Gamma(-\mu)=\infty$ なので

$$J_{-n}(z)=\left(\frac{z}{2}\right)^{-n}\sum_{\mu=n}^{\infty}\frac{(-1)^\mu}{\mu!\,\Gamma(-n+\mu+1)}\left(\frac{z}{2}\right)^\mu$$

$$=(-1)^n\left(\frac{z}{2}\right)^n\sum_{\mu=0}^{\infty}\frac{(-1)^\mu}{(\mu+n)!\,\mu!}\left(\frac{z}{2}\right)^\mu=(-1)^nJ_n(z)$$

8.3 (8.11)式の微分を実行すると

$$\frac{dJ_\lambda(z)}{dz}=\frac{\lambda}{z}J_\lambda(z)-J_{\lambda+1}(z)$$

同様にして，(8.12)式より

$$\frac{dJ_\lambda(z)}{dz}=-\frac{\lambda}{z}J_\lambda(z)+J_{\lambda-1}(z)$$

となる．(8.20)式で $l=0$ とおくと

$$J_{1/2}(z)=\sqrt{\frac{2}{\pi z}}\sin z$$

となり，これは(8.18)式と同じである．l に対して(8.20)式が成立すると仮定し $J_{(l+1)+1/2}(z)$ に対して(8.11)式を用いると

$$J_{l+3/2}(z)=-z^{l+1/2}\frac{d}{dz}\left(\frac{J_{l+1/2}(z)}{z^{l+1/2}}\right)$$

$$=(-1)^{l+1}\frac{(2z)^{l+1/2}}{\sqrt{\pi}}\frac{d}{dz}\frac{d^l}{d(z^2)^l}\left(\frac{\sin z}{z}\right)$$

$$=(-1)^{l+1}\frac{(2z)^{(l+1)+1/2}}{\sqrt{\pi}}\frac{d^{l+1}}{d(z^2)^{l+1}}\left(\frac{\sin z}{z}\right)$$

となり，(8.20)式が成立していることがわかる．

8.4 (8.7), (8.10), (8.24)式を用いて変形する．

8.5 略

8.6 t^n の係数は，留数の定理から，

$$c_n(z)=\frac{1}{2\pi i}\int_C\frac{1}{t^{n+1}}e^{(1/2)z(t-1/t)}dt$$

で与えられる．ここで C は原点を囲む円である．$t=2u/z$ により t を u に変換すると

$$c_n(z)=\frac{1}{2\pi i}\left(\frac{z}{2}\right)^n\int_C\frac{1}{u^{n+1}}e^{u-z^2/4u}du$$

この右辺を z^2 について展開すれば

$$c_n(z) = \frac{1}{2\pi i}\left(\frac{z}{2}\right)^n \sum_{l=0}^{\infty} \frac{(-1)^l}{l!}\left(\frac{z}{2}\right)^{2l} \int_C \frac{1}{u^{n+1+l}} e^{-u} du$$

$$= \left(\frac{z}{2}\right)^n \sum_{l=0}^{\infty} (-1)^l \left(\frac{z}{2}\right)^{2l} \frac{1}{l! \Gamma(n+l+1)}$$

8.7 (8.30) 式および

$$e^{-iz\sin\zeta} = e^{iz\sin(-\zeta)} = \sum_{n=-\infty}^{\infty} J_n(z) e^{-in\zeta}$$

$$= \sum_{n=-\infty}^{\infty} J_n(z)(\cos n\zeta - i \sin n\zeta)$$

から, 両辺の和および差をとればよい.

9 章

9.1
$$(z^2-1)^l = \sum_{\mu=0}^{\infty} \frac{l!}{(l-\mu)! \mu!} (-1)^\mu z^{2(l-\mu)}$$

したがって,

$$\frac{1}{2^l l!} \frac{d^l}{dz^l}(z^2-1)^l = \frac{1}{2^l l!} \sum_{\mu=0}^{\prime} \frac{(-1)^\mu l!}{(l-\mu)! \mu!} (2l-2\mu)(2l-2\mu-1)\cdots(2l-2\mu-l+1) z^{l-2\mu}$$

$$= \frac{1}{2^l} \sum_{\mu=0}^{\prime} \frac{(-1)^\mu (2l-2\mu)!}{\mu!(l-\mu)!(l-2\mu)!} z^{l-2\mu}$$

これは (9.12) 式の右辺である.

9.2 $z = \pm 1$ のとき, (9.16) 式の左辺は, それぞれ

$$(1\mp 2\rho z + \rho^2)^{-1/2} = (1\mp\rho)^{-1} = \sum_{l=0}^{\infty} (\mp 1)^l \rho^l, \qquad \sum_{l=0}^{\infty} P_l(\mp 1)\rho^l$$

となり (9.15) 式となる. また, $z=0$ のときは

$$(1+\rho^2)^{-1/2} = \sum_{l=0}^{\infty} \frac{(-1/2)(-3/2)\cdots(-1/2-l+1)}{l!} \rho^{2l}$$

$$= \sum_{l=0}^{\infty} (-1)^l \frac{1\cdot 3\cdots(2l-1)}{2\cdot 4\cdots 2l} \rho^{2l}$$

最後の式は $\sum_{l=0}^{\infty} P_l(0)\rho^l$ と等しいはずだから, 与式が得られる.

9.3 (9.16) 式の両辺を ρ で微分し,

$$(z-\rho)(1-2\rho z+\rho^2)^{-3/2} = \sum_{l=0}^{\infty} (l+1)P_{l+1}(z)\rho^l \tag{A.1}$$

この両辺に $(1-2\rho z + z^2)$ を掛けると

$$(z-\rho)(1-2\rho z+\rho^2)^{-1/2} = \sum_{l=0}^{\infty} \{(l+1)P_{l+1}(z) - 2zl\, P_l(z) + (l-1)P_{l-1}(z)\}\rho^l$$

この左辺は再び (9.16) 式を用いると

$$\sum_{l=0}^{\infty} \{zP_l(z) - P_{l-1}(z)\}\rho^l$$

に等しいので，両辺の ρ^l の係数が等しいことから (9.22) 式が得られる．また，(9.16) 式の両辺を z で微分することにより，

$$\rho(1-2\rho z+\rho^2)^{-3/2}=\sum_{l=0}^{\infty}\frac{dP_l(z)}{dz}\rho^l$$

この式と，両辺に z/ρ を掛けたものの差をとると

$$(z-\rho)(1-2\rho z+\rho^2)^{-3/2}=\sum_{l=0}^{\infty}\Big(z\frac{dP_{l+1}(z)}{dz}-\frac{dP_l(z)}{dz}\Big)\rho^l$$

となる．これを (A.1) 式の右辺と等置すると (9.23) 式が得られる．

9.4 (9.16) 式を 2 回用いて

$$\int_{-1}^{1}(1-2\rho x+\rho^2)^{-1/2}(1-2sx+s^2)^{-1/2}dx=\sum_{l=0}^{\infty}\sum_{k=0}^{\infty}\rho^l s^k\int_{-1}^{1}P_l(x)P_k(x)dx \quad (A.2)$$

左辺の積分は，ρ, s が小さい正の数と仮定して，$a=(1+\rho^2)/2\rho$, $b=(1+s^2)/2s$ と書くことにすると

$$\text{左辺}=\frac{1}{2\sqrt{\rho s}}\int_{-1}^{1}\frac{1}{\sqrt{(a-x)(b-x)}}dx=\frac{1}{\sqrt{\rho s}}\ln\frac{\sqrt{a+1}+\sqrt{b+1}}{\sqrt{a-1}+\sqrt{b-1}}$$

$$=\frac{1}{\sqrt{\rho s}}\ln\frac{1+\sqrt{\rho s}}{1-\sqrt{\rho s}}=\frac{2}{\sqrt{\rho s}}\sum_{l=0}^{\infty}\frac{1}{2l+1}(\sqrt{\rho s})^{2l+1}$$

と計算できるので，(A.2) 式から (9.24 a) 式，(9.24 b) 式が導かれる．

9.5 $P_k{}^m, P_l{}^m$ が満たす (9.3) 式に相当する表式に，それぞれ左から $P_l{}^m, P_k{}^m$ を掛けて，その差を $[-1,1]$ の区間で積分すると

$$\int_{-1}^{1}\Big\{P_l{}^m\frac{d}{dx}\Big((1-x^2)\frac{dP_k{}^m}{dx}\Big)-P_k{}^m\frac{d}{dx}\Big((1-x^2)\frac{dP_l{}^m}{dx}\Big)\Big\}dx$$

$$+\{k(k+1)-l(l+1)\}\int_{-1}^{1}dxP_k{}^m P_l{}^m=0$$

左辺第 1 項は部分積分により 0 となるから，$k\neq l$ のとき $I_{kl}=0$. $k=l$ の場合は以下のように部分積分をくり返して計算できる．

$$I_{ll}=\int_{-1}^{1}\{P_l{}^m(x)\}^2 dx$$

$$=(-1)^m\int_{-1}^{1}P_l{}^m(x)\frac{d^m}{dx^m}\Big((1-x^2)^m\frac{d^m P_l}{dx^m}\Big)dx \quad (\text{ロドリゲスの公式})$$

$$=\frac{(-1)^{m+l}}{2^l l!}\int_{-1}^{1}(x^2-1)^l\frac{d^{m+l}}{dx^{m+l}}\Big((1-x^2)^m\frac{d^m P_l}{dx^m}\Big)dx$$

ここで x についての $(m+l)$ 回微分で有限となる項を定めるために

$$\frac{d^m}{dx^m}P_l(x)\sim\frac{1}{2^l l!}2l(2l-1)\cdots(l-m+1)x^{l-m}$$

さらに，これを用いて

$$(1-x^2)^m\frac{d^m P_l}{dx^m}\sim(-1)^m x^{l+m}\frac{1}{2^l l!}\frac{(2l)!}{(l-m)!}$$

に注意すると，

$$I_{ll} = \frac{(-1)^{m+l}}{2^l l!} \frac{(-1)^m (l+m)!}{(l-m)!} (2l-1)(2l-3)\cdots 3\cdot 1 \int_{-1}^{1} dx (1-x^2)^l$$
$$= \frac{2}{2l+1} \frac{(l+m)!}{(l-m)!}$$

9.6
$$(\cosh 2z - x)^{-1/2} = \left(\frac{e^{2z}+e^{-2z}}{2} - x\right)^{-1/2} = \sqrt{2}\, e^{-z} \frac{1}{\sqrt{1-2xe^{-2z}+e^{-4z}}}$$
$$= \sqrt{2}\, e^{-z} \sum_{l=0}^{\infty} P_l(x) e^{-2lz}$$

であり，(9.24 a)，(9.24 b) 式に注意すると与式を得る．

9.7 (9.22)式により
$$zP_l(z) = \frac{1}{2l+1}\{(l+1)P_{l+1}(z) + lP_{l-1}(z)\}$$

である．この右辺に (9.24 a), (9.24 b) 式の関係を用いると，
$$\int_{-1}^{1} zP_l(z)P_{l+1}(z)dz = \frac{l+1}{2l+1}\int_{-1}^{1} P_{l+1}{}^2(z)dz = \frac{2(l+1)}{(2l+1)^2}$$

9.8 (9.22)式を z で微分した式は
$$(l+1)\{P_{l+1}'(z) - zP_l'(z)\} - l\{zP_l'(z) - P_{l-1}'(z)\} - (2l+1)P_l(z) = 0$$

と書ける．左辺第2項に (9.23) 式を用いると（ⅰ）式となる．（ⅰ）式の左辺第2項に (9.23) 式を用いると
$$P_{l+1}'(z) - \{lP_l(z) + P_{l-1}'(z)\} = (l+1)P_l(z)$$

となり（ⅱ）式となる．また（ⅰ）式で $l \to l-1$ とすると
$$P_l'(z) - zP_{l-1}'(z) = lP_{l-1}(z)$$

この式で (9.23) 式により $P_{l-1}'(z)$ を消去すると（ⅲ）式を与える．

10 章

10.1
$$\lim_{n\to\infty} \frac{a_n}{a_{n+1}} = \lim_{n\to\infty} \frac{(n+1)(\gamma+n)}{(\alpha+n)(\beta+n)} = 1$$

なので収束半径 1．

10.2 略

10.3 直接各項を比較する方法の他に，G_l が (10.19) 式の微分方程式を満たすことを示してもよい．$s(z) = z(1-z)$, $w(z) = z^{q-1}(1-z)^{p-q}$ とおくと，
$$G_l = \frac{C_l}{w} \frac{d^l}{dz^l}(ws^l)$$

と書ける．まず $G_1 = C_1(q-(p+1)z)$ であるから，$G_1(z)$ は z の1次の多項式である．同様にして $G_l(z)$ は z の l 次の多項式であることがわかる．また任意の l 次未満の多項式を $f(z)$ とすると
$$\int_0^1 w(z)f(z)G_l(z)dz = \int_0^1 f(z)C_l \frac{d^l}{dz^l}(ws^l)dz \tag{A.3}$$

この右辺は，部分積分をくり返すと0になることがわかる．

これらを用いて G_l が方程式を満たすことを示そう．まず

$$\frac{1}{w}\frac{d}{dz}\left(ws\frac{d}{dz}G_l\right)$$

が l 次の多項式であることがわかる．$G_l(z)$ の関数系で展開すると

$$\frac{1}{w}\frac{d}{dz}\left(ws\frac{d}{dz}G_l\right)=\sum_{k=0}^{l}C_kG_k(z)$$

となるはずである．この式の両辺に $wG_m(z)$ をかけて積分すると，右辺は (A.3) 式の直交性により $k=m$ の項だけが残る．一方左辺は部分積分により

$$\int_0^1 G_m(z)\frac{d}{dz}\left(ws\frac{d}{dz}G_l\right)dz=\int_0^1 \frac{d}{dz}\left(ws\frac{lG_m}{dz}\right)G_l dz$$

となるが，ふたたび (A.3) 式により $m=l$ のときのみ0でない値をとる．したがって $C_k=0\ (k\neq l)$ であり，

$$\frac{1}{w}\frac{d}{dz}\left(ws\frac{d}{dz}G_l\right)=C_l G_l$$

さらに z^l の項を比較すると，$C_l=-l(p+l)$ であることがわかり，結局 G_l は

$$s\frac{d^2G_l}{dz^2}+(q-(p+1)z)\frac{dG_l}{dz}+l(p+l)G_l=0$$

をみたすことがわかる．

10.4 (10.20) 式の左辺に $G_k(z)$ を掛け，k と n を交換した同様の式との差をとり，区間 $[0,1]$ で積分すると

$$\int_0^1\left\{G_k\frac{d}{dx}\left(x^q(1-x)^{p-q+1}\frac{dG_n}{dx}\right)-G_n\frac{d}{dx}\left(x^q(1-x)^{p-q+1}\frac{dG_k}{dx}\right)\right\}dx$$
$$+\int_0^1 x^{q-1}(1-x)^{p-q}\{n(p+n)-k(p+k)\}G_kG_n dx=0$$

第1項は部分積分により0となるから，$n\neq k$ なら

$$\int_0^1 x^{q-1}(1-x)^{p-q}G_k(x)G_n(x)dx=0$$

一方

$$\int_0^1 x^{q-1}(1-x)^{p-q}G_n(x)^2 dx$$
$$=\frac{1}{q(q+1)\cdots(q+n-1)}\int_0^1\left(\frac{d^n}{dx^n}\{x^{q+n-1}(1-x)^{p+n-q}\}\right)G_n(x)dx$$

部分積分をくり返して

$$=\frac{(-1)^n}{q(q+1)\cdots(q+n-1)}\int_0^1 x^{q+n-1}(1-x)^{p+n-q}\frac{d^n G_n}{dx^n}dx$$

(10.18) 式により

$$\frac{d^n G_n}{dx^n}=(-1)\frac{(p+n)(p+n+1)\cdots(p+2n-1)}{q(q+1)\cdots(q+n-1)}n!$$

となるので (6.41) 式を用いて

$$= \frac{n!}{\{q(q+1)\cdots(q+n-1)\}^2}(p+n)(p+n+1)\cdots(p+2n-1)B(q+n, p+n-q+1)$$

$$= \frac{\Gamma(n+1)\Gamma(q)^2}{\Gamma(q+n)^2} \frac{\Gamma(p+2n)}{\Gamma(p+n)} \frac{\Gamma(q+n)\Gamma(p+n-q+1)}{\Gamma(p+2n+1)}$$

$$= \frac{1}{p+2n} \frac{\Gamma(n+1)\Gamma(q)^2\Gamma(p+n-q+1)}{\Gamma(q+n)\Gamma(p+n)}$$

10.5 与えられた変換により

$$(1-\zeta^2)\frac{d^2w}{d\zeta^2} - \{2q-p-1+(p+1)\zeta\}\frac{dw}{d\zeta} + l(p+l)w = 0$$

ここで $p=1$, $q=1$ とおけば (9.4) 式と同形になる．さらに，$\zeta=1$ $(z=0)$ での係数を比較することにより

$$F\left(l+1, -l, 1; \frac{1-z}{2}\right) = P_l(z)$$

また (9.4) 式で $l \to -l-1$ とおいても微分方程式が変わらないことから直ちに $P_l(z) = P_{-l-1}(z)$ となる．

11章

11.1 $\quad \lim_{n\to\infty}\frac{a_n}{a_{n+1}} = \lim_{m\to\infty}\frac{(n+1)(r+n)}{a+n} \to \infty \quad$ （収束半径 ∞）

11.2 (11.10 b) 式に対して問題 9.5 と同様な操作を行うと

$$\int_0^\infty dx\, e^{-x}L_k(x)L_n(x) = 0 \quad (k \neq n)$$

$n=k$ の場合には (11.8) 式を用いて部分積分をくり返して

$$\int_0^\infty e^{-x}(L_n(x))^2 dx = \int_0^\infty L_n(x)\frac{d^n}{dx^n}(x^n e^{-x})\, dx$$

$$= (-1)^n \int_0^\infty x^n e^{-x}\frac{d^n}{dx^n}L_n(x)\, dx$$

$$= n! \int_0^\infty x^n e^{-x} = (n!)^2 dx$$

11.3 (11.8) 式を用いて $z^n e^{-z}$ の部分を積分表示すると，

$$\sum_{n=0}^\infty \frac{L_n(z)}{n!}t^n = \sum_{n=0}^\infty \frac{t^n}{n!}e^z \frac{1}{2\pi i}\frac{d^n}{dz^n}\oint_C \frac{\zeta^n e^{-\zeta}}{(\zeta-z)}d\zeta$$

ここで C は z を正の向きに1周する閉曲線であるが，これを適当に変形し，t が十分小さいとして点 $z/(1-t)$ を1周するようにすると，

$$= \frac{1}{2\pi i}\oint_C \sum_{n=0}^\infty e^{z-\zeta}(\zeta t)^n \frac{1}{(\zeta-z)^{n+1}}d\zeta$$

$$= \frac{1}{2\pi i}\oint_C e^{z-\zeta}\frac{1}{\zeta-z-\zeta t}d\zeta$$

$$=\frac{1}{1-t}e^{-zt/(1-t)}$$

11.4 $k \neq n$ の場合については問題 11.2 と同様．$k=n$ の場合については以下のように確認できる．(11.8), (11.7) 式を用いて部分積分を用いると

$$\int_0^\infty dx\, x^m e^{-x}(L_n^m(x))^2 = (-1)^m \int_0^\infty L_n(x)\frac{d^m}{dx^m}(x^m e^{-x}L_n^m)\,dx$$

$$=(-1)^m \int_0^\infty e^{-x}L_n(x)\left(\frac{d}{dx}-1\right)^m x^m L_n^m\,dx$$

ここで任意の関数 $f(z)$ に対して

$$\frac{d^m}{dx^m}(f(x)e^{-x}) = e^{-x}\left(\frac{d}{dx}-1\right)^m f(x)$$

が成立することに注意した．さらに，(11.8) 式を用いて部分積分すると

$$=(-1)^{m+n}\int_0^\infty x^n e^{-x}\frac{d^n}{dx^n}\left\{\left(\frac{d}{dx}-1\right)^m x^m L_n^m\right\}dx$$

$$=(-1)^{m+n}\int_0^\infty x^n e^{-x}\left(\frac{d}{dx}-1\right)^m \frac{d^n}{dx^n}(x^m L_n^m)\,dx$$

ここで $x^m L_n^m$ が x の n 次の多項式で x^n に比例する項の係数は (11.8) 式および (11.17) 式により $(-1)^n n!/(n-m)!$ であるので

$$=(-1)^{2m+2n}\int_0^\infty x^n e^{-x}\frac{(n!)^2}{(n-m)!}dx$$

$$=\frac{(n!)^3}{(n-m)!}$$

(11.19) 式に対しても同様にして以下のように確認できる．この場合 (11.8) 式を用いて

$$\frac{d^n}{dx^n}(x^{m+1}L_n^m) = (-1)^n\frac{d^n}{dx^n}\left(\frac{n!}{(n-m)!}x^{n+1}-\frac{n^2(n-1)!}{(n-m-1)!}x^n + 0(x^{n-1})\right)$$

$$=(-1)^n\left(\frac{n!(n+1)!}{(n-m)!}x - \frac{n(n!)^2}{(n-m-1)!}\right)$$

となり，したがって

$$\left(\frac{d}{dx}-1\right)^m\left(\frac{d^n}{dx^n}(x^{m+1}L_n^m)\right)$$

$$=(-1)^{m+n}\left(\frac{n!(n+1)!}{(n-m)!}x - \frac{n(n!)^2}{(n-m-1)!} - m\frac{n!(n+1)!}{(n-m)!}\right)$$

であることに注意すればよい．

索引

1価関数　32
1次変換　81
2価関数　5, 6, 20
2変数関数　22
δ関数　66, 69
k位の極　55-57
k次の零点　54
$\text{Log}(1+z)$のべき級数展開　14
$z=\infty$における極　57
z平面　2

ア 行

アポロニウスの円　82
鞍点法　95, 99

一様収束　12, 20, 34
一致の定理　60, 90
因果律　29

渦なし　80

エネルギーギャップ　149
エネルギー固有値　107
エネルギー帯　149
エネルギーバンド　148
エルミート関数　109
エルミート多項式　141, 143
エルミートの微分方程式　141, 143
円柱座標　108
円柱座標系　107

オイラー数　93
オイラーの関係式　3, 13, 16

オイラーの公式　89

カ 行

階乗　89
解析関数　19
解析接続　58-60, 90
ガウス積分　46
ガウスの公式　92, 103
ガウスの表示　104
ガウス平面　2
角運動量　128
確定特異点　111-115, 121-125, 130, 135, 146
加法定理　13
干渉効果　1
ガンマ関数　89, 101

逆関数　77
逆写像　77
境界条件付のラプラス方程式　78
境界値問題　24, 49, 124
共形写像　72
極　19, 40, 61
極座標　3, 108, 138, 144
極座標系　107, 109
虚軸　2, 30
虚部　1, 69

クラマース-クローニッヒ変換　69
グリーン関数　29
グリーンの定理　35
グルサの定理　35, 51
クーロン相互作用　108

索　引

決定方程式　112, 121, 131

合成写像　81, 83
項別積分　34
項別微分　13, 20, 51, 123
合流型超幾何関数　156
合流型超幾何微分方程式　135, 137, 141
コーシー–アダマールの定理　12, 161
コーシーの積分公式　35, 49, 52, 66, 124
コーシーの積分定理　34, 35, 49
コーシー–リーマンの関係式　22, 26, 49, 73
固有値問題　107, 112
孤立特異点　54, 61

サ 行

サイクロトロン振動数　144
三角関数　11, 14, 21, 63

指数関数　11-14, 21, 27, 91
自然境界　59
実軸　2, 30
実部　1, 69
磁場下の2次元電子　143
写像　72
周期ポテンシャル　109, 146
集積点　55
収束円　11, 20, 59, 131
収束半径　11, 20, 34, 51, 58, 120
自由粒子　108
ジューコフスキ変換　80
主値　14, 61, 66, 67
主値積分　67
シュバルツ–クリストッフェル変換　81, 84
寿命　1, 29
主要部分　116
シュレーディンガーの波動方程式　107, 111, 128, 143
シュレーフリの表式　155
上半面　66
ジョルダンの補助定理　46
真性特異点　55-57

水素原子　138
スターリングの公式　95, 98, 105
ストークスの定理　35

整関数　130
正規直交化　140
正規直交関係　128
正則　19, 22
正則関数　60
正則性　18, 29, 60
正則点　111
静電ポテンシャル　87
積分核　150
積分指数関数　105
積分表示　103, 119, 150, 156, 159
積分表式　105
積分路　29
絶対収束　12
絶対値　3
漸化式　90
漸近形　98
漸近展開　95, 97, 104, 106, 159
線積分　33, 35, 37
全微分可能　22, 37

双曲線関数　13, 21
速度ポテンシャル　80
束縛状態　138
ソニンの積分公式　119

タ 行

第1種ルジャンドル関数　123
第2種ルジャンドル関数　126
代数学の基本定理　57
対数関数　14, 21, 27
多価関数　77
多項式　122
ダランベールの判定法　12, 161
単連結　36, 84

チェビシェフ多項式　133
超幾何関数　150

索　引

超幾何級数　130, 132
超幾何微分方程式　130-134
超球多項式　127
調和関数　23-28, 76
調和振動子　109, 143
調和多項式　140
直交　28
直交座標系　107
直交性　126, 140

ツェータ関数　65, 103

ディガンマ関数　102, 106
定積分　2, 29
テイラー展開　49, 53, 59, 61, 96
ディリクレの表示　104
デルタ関数　69
電気力線　76
点電荷　77

等角写像　24, 72
導関数　23
統計力学　95
等高線　76
同次線型微分方程式　111
等ポテンシャル面　84
特異点　19, 29, 35, 37, 52, 90
特殊関数　2, 94, 111, 159
ド・モアブルの定理　16

ナ　行

熱力学　37

ノイマン関数　116, 118, 158

ハ　行

媒介変数　30, 74
波動関数　1, 122, 138
ハミルトニアン　107
パラメータ　30, 74
ハンケル関数　116, 118, 120, 158, 159

ハンケル表示　94
半整数のベッセル関数　117
判定法　20

非圧縮性流体　80
微分演算子　150
微分可能　23, 51, 72
微分可能性　18, 51
微分係数　18, 49
微分方程式　107

複素関数　1, 4
複素関数論　13
複素共役　2
複素数　1
複素積分　19, 29, 30
複素平面　2, 18, 29
複素偏微分　27
不定積分　31, 35, 37
部分分数展開　61, 63
フーリエ級数　120
フレネル積分　46, 164
フロッケの解　148
ブロッホの解　148
分岐線　9, 14, 20, 35, 87, 94
分岐点　20

閉曲線　34
べき級数解　131
べき級数展開　112, 121
べき乗関数　14
ベータ関数　89, 101
ベッセル関数　115, 118, 158
　　半整数の——　117
ベッセルの微分方程式　108, 115, 118
ベルヌーイ数　64, 103
偏角　3, 30, 73, 87, 95
変形ベッセル関数　118, 120
変数分離　108

ボーア半径　138
母関数表示　120, 124, 129, 137
ポテンシャル　37

ポテンシャル問題　24, 73, 76, 124

マ 行

マクスウェル方程式　76
マシュー関数　110
マシュー微分方程式　146
マルムステンの公式　104

無限遠点　19
無限級数　11, 20, 50, 63
無限乗積　61
無限乗積表示　65, 91, 105
無限多価関数　14, 61
無限べき級数　52

面積分　33

ヤ 行

ヤコビアン　73
ヤコビの多項式　132

有理型　61
有理(型)関数　61, 102

ラ 行

ライプニッツの級数　16
ラゲール関数　109
ラゲールの多項式　136
ラゲールの陪多項式　138
ラゲールの陪微分方程式　137, 139, 144
ラゲールの微分方程式　135, 137
ラプラシアン　27, 107

ラプラス方程式　24, 76, 80
　境界条件付の——　78
ラーマー半径　144
ラメ関数　146
ランダウゲージ　143
ランダウの量子化　144

リウヴィルの定理　69
リーマンの写像定理　84
リーマン面　6, 14, 20, 29, 35, 59, 94
留数　39, 47, 57, 62
流線　80
流体力学　80
量子力学　1, 107, 122, 136

ルジャンドル関数　108, 154
　第1種——　123
　第2種——　126
ルジャンドル展開　125
ルジャンドルの多項式　122, 133
ルジャンドルの陪多項式　122
ルジャンドルの陪微分方程式　127
ルジャンドルの微分方程式　121, 126, 134, 154

連続　19, 25, 29, 35
連続関数　24

ロドリゲスの公式　123, 129
ローラン展開　52, 55, 64, 70, 112

ワ 行

ワイエルシュトラスの公式　93
ワイエルシュトラスの無限乗積表示　102

著者略歴

福山秀敏（ふくやま・ひでとし）
1942年　東京都に生まれる
1970年　東京大学大学院理学系研究科物理学専攻修了
現　在　東京大学物性研究所教授
　　　　理学博士

小形正男（おがた・まさお）
1960年　東京都に生まれる
1987年　東京大学大学院理学系研究科物理学専攻修了
現　在　東京大学大学院理学系研究科助教授
　　　　理学博士

基礎物理学シリーズ3

物 理 数 学 I

定価はカバーに表示

2003年 3 月 5 日　初版第 1 刷
2018年 1 月20日　　第10刷

著　者　福　山　秀　敏
　　　　小　形　正　男
発行者　朝　倉　誠　造
発行所　株式会社　朝　倉　書　店
　　　　東京都新宿区新小川町 6 − 29
　　　　郵便番号　 1 6 2 − 8 7 0 7
　　　　電　話　 0 3（3 2 6 0）0 1 4 1
　　　　F A X　 0 3（3 2 6 0）0 1 8 0
　　　　http://www.asakura.co.jp

〈検印省略〉

© 2003〈無断複写・転載を禁ず〉　　Printed in Korea

ISBN 4-254-13703-6　C 3342

JCOPY 〈(社)出版者著作権管理機構 委託出版物〉

本書の無断複写は著作権法上での例外を除き禁じられています．複写される場合は，
そのつど事前に，(社)出版者著作権管理機構（電話 03-3513-6969，FAX 03-3513-
6979，e-mail: info@jcopy.or.jp）の許諾を得てください．

朝倉物理学大系〈全21巻〉

荒船次郎・江沢 洋・中村孔一・米沢富美子 編集

駿台予備学校 山本義隆・明大 中村孔一著
朝倉物理学大系1
解 析 力 学 Ⅰ
13671-5 C3342　　　A5判 328頁 本体5600円

満を持して登場する本格的教科書. 豊富な例題を通してリズミカルに説き明かす. 本巻では数学的準備から正準変換までを収める. 〔内容〕序章―数学的準備／ラグランジュ形式の力学／変分原理／ハミルトン形式の力学／正準変換

駿台予備学校 山本義隆・明大 中村孔一著
朝倉物理学大系2
解 析 力 学 Ⅱ
13672-2 C3342　　　A5判 296頁 本体5800円

満を持して登場する本格的教科書. 豊富な例題を通してリズミカルに説き明かす. 本巻にはポアソン力学から相対論力学までを収める. 〔内容〕ポアソン括弧／ハミルトン-ヤコビの理論／可積分系／摂動論／拘束系の正準力学／相対論的力学

前阪大 長島順清著
朝倉物理学大系3
素粒子物理学の基礎 Ⅰ
13673-9 C3342　　　A5判 288頁 本体5400円

実験物理学者が懇切丁寧に書き下ろした本格的教科書. 本書は基礎部分を詳述. とくに第7章は著者の面目が躍如. 〔内容〕イントロダクション／粒子と場／ディラック方程式／場の量子化／量子電磁力学／対称性と保存則／加速器と測定器

前阪大 長島順清著
朝倉物理学大系4
素粒子物理学の基礎 Ⅱ
13674-6 C3342　　　A5判 280頁 本体5300円

実験物理学者が懇切丁寧に書き下ろした本格的教科書. 本巻はⅠを引き継ぎ, クオークとレプトンについて詳述. 〔内容〕ハドロン・スペクトロスコピィ／クォークモデル／弱い相互作用／中性K中間子とCPの破れ／核子の内部構造／統一理論

前阪大 長島順清著
朝倉物理学大系5
素粒子標準理論と実験的基礎
13675-3 C3342　　　A5判 416頁 本体7200円

実験物理学者が懇切丁寧に書き下ろした本格的教科書. 本巻は高エネルギー物理学の標準理論を扱う. 〔内容〕ゲージ理論／中性カレント／QCD／Wボソン／Zボソン／ジェットの性質／高エネルギーハドロン反応

前阪大 長島順清著
朝倉物理学大系6
高エネルギー物理学の発展
13676-0 C3342　　　A5判 376頁 本体6800円

実験物理学者が懇切丁寧に書き下ろした本格的教科書. 本巻は高エネルギー物理学最前線を扱う. 〔内容〕小林-益川行列／ヒッグス／ニュートリノ／大統一と超対称性／アクシオン／モノポール／宇宙論

北大 新井朝雄・前学習院大 江沢 洋著
朝倉物理学大系7
量子力学の数学的構造 Ⅰ
13677-7 C3342　　　A5判 328頁 本体6000円

量子力学のデリケートな部分に数学として光を当てた待望の解説書. 本巻は数学的準備として, 抽象ヒルベルト空間と線形演算子の理論の基礎を展開. 〔内容〕ヒルベルト空間と線形演算子／スペクトル理論／付：測度と積分, フーリエ変換他

北大 新井朝雄・前学習院大 江沢 洋著
朝倉物理学大系8
量子力学の数学的構造 Ⅱ
13678-4 C3342　　　A5判 320頁 本体5800円

本巻はⅠを引き継ぎ, 量子力学の公理論的基礎を詳述. これは, 基本的には, ヒルベルト空間に関わる諸々の数学的対象に物理的概念あるいは解釈を付与する手続きである. 〔内容〕量子力学の一般原理／多粒子系／付：超関数論要項, 等

東大 高田康民著
朝倉物理学大系9
多 体 問 題
13679-1 C3342　　　A5判 392頁 本体7400円

グリーン関数法に基づいた固体内多電子系の意欲的・体系的解説の書. 〔内容〕序／第一原理からの物性理論の出発点／理論手法の基礎／電子ガス／フェルミ流体理論／不均一密度の電子ガス：多体効果とバンド効果の競合／参考文献と注釈

前広島大 西川恭治・首都大 森 弘之著
朝倉物理学大系10
統 計 物 理 学
13680-7 C3342　　　　A5判 376頁 本体6800円

量子力学と統計力学の基礎を学んで，よりグレードアップした世界をめざす人がチャレンジするに好個な教科書・解説書。〔内容〕熱平衡の統計力学：準備編／熱平衡の統計力学：応用編／非平衡の統計力学／相転移の統計力学／乱れの統計力学

前東大 髙柳和夫著
朝倉物理学大系11
原 子 分 子 物 理 学
13681-4 C3342　　　　A5判 440頁 本体7800円

原子分子を包括的に叙述した初の成書。〔内容〕水素様原子／ヘリウム様原子／電磁場中の原子／一般の原子／光電離と放射再結合／二原子分子の電子状態／二原子分子の振動・回転／多原子分子／電磁場と分子の相互作用／原子間力，分子間力

北大 新井朝雄著
朝倉物理学大系12
量 子 現 象 の 数 理
13682-1 C3342　　　　A5判 548頁 本体9000円

本大系第7, 8巻の続編。〔内容〕物理量の共立性／正準交換関係の表現と物理／量子力学における対称性／物理量の自己共役性／物理量の摂動と固有値の安定性／物理量のスペクトル／散乱理論／虚数時間と汎関数積分の方法／超対称的量子力学

前筑波大 亀淵 迪・慶大表 実著
朝倉物理学大系13
量 子 力 学 特 論
13683-8 C3342　　　　A5判 276頁 本体5000円

物質の二重性(波動性と粒子性)を主題として，場の量子論から出発して粒子の量子論を導出する。〔内容〕場の一元論／場の方程式／場の相互作用／量子化／場の量子場の性質／波動関数と演算子／作用変数・角変数・位相／相対論的な場と粒子性

前京大 伊勢典夫・京産大 曽我見郁夫著
朝倉物理学大系16
高 分 子 物 理 学
—巨大イオン系の構造形成—
13686-9 C3342　　　　A5判 400頁 本体7200円

イオン性高分子の新しい教科書。〔内容〕屈曲性イオン性高分子の希薄溶液／コロイド分散系／巨大イオンの有効相互作用／イオン性高分子およびコロイド希薄分散系の粘性／計算機シミュレーションによる相転移／粒子間力についての諸問題

前東大 村田好正著
朝倉物理学大系17
表 面 物 理 学
13687-6 C3342　　　　A5判 320頁 本体6200円

量子力学やエレクトロニクス技術の発展と関連して進歩してきた表面の原子・電子の構造や各種現象の解明を物理としての面白さを意識して解説〔内容〕表面の構造／表面の電子構造／表面の振動現象／表面の相転移／表面の動的現象／他

前九大 髙田健次郎・前新潟大 池田清美著
朝倉物理学大系18
原 子 核 構 造 論
13688-3 C3342　　　　A5判 416頁 本体7200円

原子核構造の最も重要な3つの模型(殻模型，集団模型，クラスター模型)の考察から核構造の統一的理解をめざす。〔内容〕原子核構造論への導入／殻模型／核力から有効相互作用へ／集団運動／クラスター模型／付：回転体の理論，他

前九大 河合光路・元東北大 吉田思郎著
朝倉物理学大系19
原 子 核 反 応 論
13689-0 C3342　　　　A5判 400頁 本体7400円

核反応理論を基礎から学ぶために，その起源，骨組み，論理構成，導出の説明に重点を置き，応用よりも確立した主要部分を解説。〔内容〕序論／核反応の記述／光学模型／多重散乱理論／直接過程／複合核過程-共鳴理論・統計理論／非平衡過程

大系編集委員会編
朝倉物理学大系20
現 代 物 理 学 の 歴 史 Ⅰ
—素粒子・原子核・宇宙—
13690-6 C3342　　　　A5判 464頁 本体8800円

湯川秀樹・朝永振一郎・江崎玲於奈・小柴昌俊といったノーベル賞研究者を輩出した日本の物理学の底力と努力，現代物理学への貢献度を，各分野の第一人者が丁寧かつ臨場感をもって俯瞰した大著。本巻は素粒子・原子核・宇宙関連33編を収載

大系編集委員会編
朝倉物理学大系21
現 代 物 理 学 の 歴 史 Ⅱ
—物性・生物・数理物理—
13691-3 C3342　　　　A5判 552頁 本体9500円

湯川秀樹・朝永振一郎・江崎玲於奈・小柴昌俊といったノーベル賞研究者を輩出した日本の物理学の底力と努力，現代物理学への貢献度を，各分野の第一人者が丁寧かつ臨場感をもって俯瞰した大著。本巻は物性・生物・数理物理関連40編を収載

◈ 基礎物理学シリーズ ◈

清水忠雄・矢崎紘一・塚田 捷 編集

東大 山崎泰規著
基礎物理学シリーズ1
力　　　学　　Ｉ
13701-9 C3342　　Ａ5判 168頁 本体2700円

現象の近似的把握と定性的理解に重点をおき，考える問題をできる限り具体的に解説した書〔内容〕運動の法則と微分方程式／1次元の運動／1次元運動の力学的エネルギーと仕事／3次元空間内の運動と力学的エネルギー／中心力のもとでの運動

前東大 塚田 捷著
基礎物理学シリーズ4
物　理　数　学　　Ⅱ
―対称性と振動・波動・場の記述―
13704-0 C3342　　Ａ5判 260頁 本体4300円

様々な物理数学の基本的コンセプトを，総体として相互の深い連環を重視しつつ述べることを目的〔内容〕線形写像と2次形式／群と対称操作／群の表現／回転群と角運動量／ベクトル解析／変分法／偏微分方程式／フーリエ変換／グリーン関数他

農工大 佐野 理著
基礎物理学シリーズ12
連　続　体　力　学
13712-5 C3342　　Ａ5判 216頁 本体3500円

連続体力学の世界を基礎・応用，1次元～3次元，流体・弾性体，要素変数の多い・少ない，などの観点から整然と体系化して解説．〔内容〕連続体とその変形／弾性体を伝わる波／流体の粘性と変形／非圧縮粘性流体の力学／水面波と液滴振動／他

千葉大 夏目雄平・千葉大 小川建吾著
基礎物理学シリーズ13
計　算　物　理　　Ｉ
13713-2 C3342　　Ａ5判 160頁 本体3000円

数値計算技法に止まらず，計算によって調べたい物理学の関係にまで言及〔内容〕物理量と次元／精度と誤差／方程式の根／連立方程式／行列の固有値問題／微分方程式／数値積分／乱数の利用／最小2乗法とデータ処理／フーリエ変換の基礎／他

千葉大 夏目雄平・千葉大 植田 毅著
基礎物理学シリーズ14
計　算　物　理　　Ⅱ
13714-9 C3342　　Ａ5判 176頁 本体3200円

実践にあたっての大切な勘所を明示しながら詳説〔内容〕デルタ関数とグリーン関数／グリーン関数と量子力学／変分法／汎関数／有限要素法／境界要素法／ハートリー・フォック近似／密度汎関数／コーン・シャム方程式と断熱接続／局所近似

千葉大 夏目雄平・千葉大 小川建吾・千葉工大 鈴木敏彦著
基礎物理学シリーズ15
計　算　物　理　　Ⅲ
―数値磁性体物性入門―
13715-6 C3342　　Ａ5判 160頁 本体3200円

磁性体物理を対象とし，基礎概念の着実な理解より説き起こし，具体的な計算手法・重要な手法を詳細に解説〔内容〕磁性体物性物理学／大次元行列固有値問題／モンテカルロ法／量子モンテカルロ法：理論・手順・計算例／密度行列繰込み群／他

北大 新井朝雄著

現代物理数学ハンドブック

13093-5 C3042　　Ａ5判 736頁 本体18000円

辞書的に引いて役立つだけでなく，読み通しても面白いハンドブック．全21章が有機的連関を保ち，数理物理学の具体例を豊富に取り上げたモダンな書物．〔内容〕集合と代数的構造／行列論／複素解析／ベクトル空間／テンソル代数／計量ベクトル空間／ベクトル解析／距離空間／測度と積分／群と環／ヒルベルト空間／バナッハ空間／線形作用素の理論／位相空間／多様体／群の表現／リー群とリー代数／ファイバー束／超関数／確率論と汎関数積分／物理理論の数学的枠組みと基礎原理

東大 土井正男著
物理の考え方2
統　計　力　学
13742-2 C3342　　Ａ5判 240頁 本体3000円

古典統計に力点．〔内容〕確率の統計の考え方／孤立系における力学状態の分布／温度とエントロピー／（グランド）カノニカル分布とその応用／量子統計／フェルミ分布とボーズ-アインシュタイン分布／相互作用のある系／相転移／ゆらぎと応答

上記価格（税別）は2017年12月現在